内容と使い方

付属のDVDには音声付きの動画が収録されています。この本で紹介されたご本人が登場し、つくり方、使い方などについてわかりやすく実演・解説していますので、ぜひともご覧ください。

DVDの内容 全44分

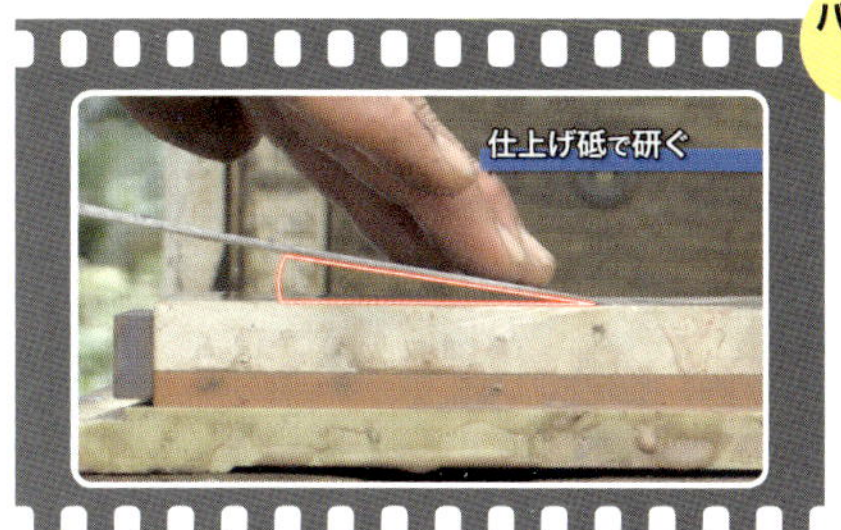

パート1

業務用キャベツのプロ農家に聞く

収穫包丁を研ぐワザ・使うワザ

茨城県茨城町 平澤協一さん

15分

[関連記事 8 ページ]

パート2

農具を研ぐ・長持ちさせる

福岡県八女市
大橋鉄雄さん

15分

[関連記事 48 ページ]

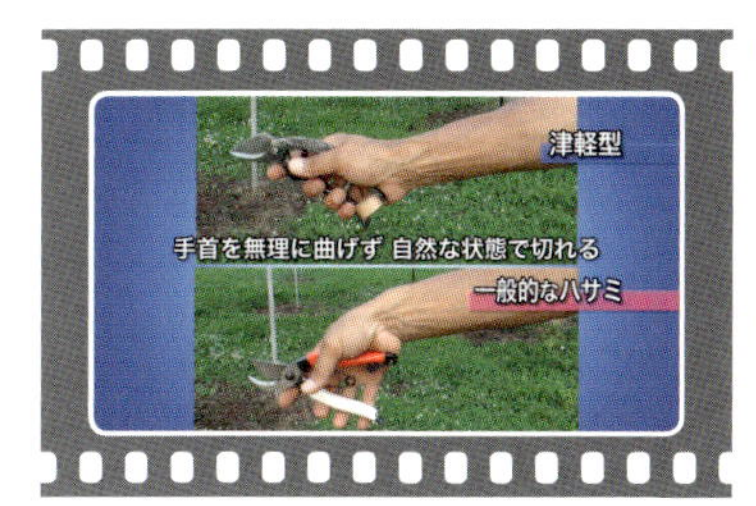

おまけ

農の刃物ビデオクリップ集

14分

[関連記事 11、18、20、24、40、50、60 ページ]

DVDの再生 付属の DVD をプレーヤーにセットするとメニュー画面が表示されます。

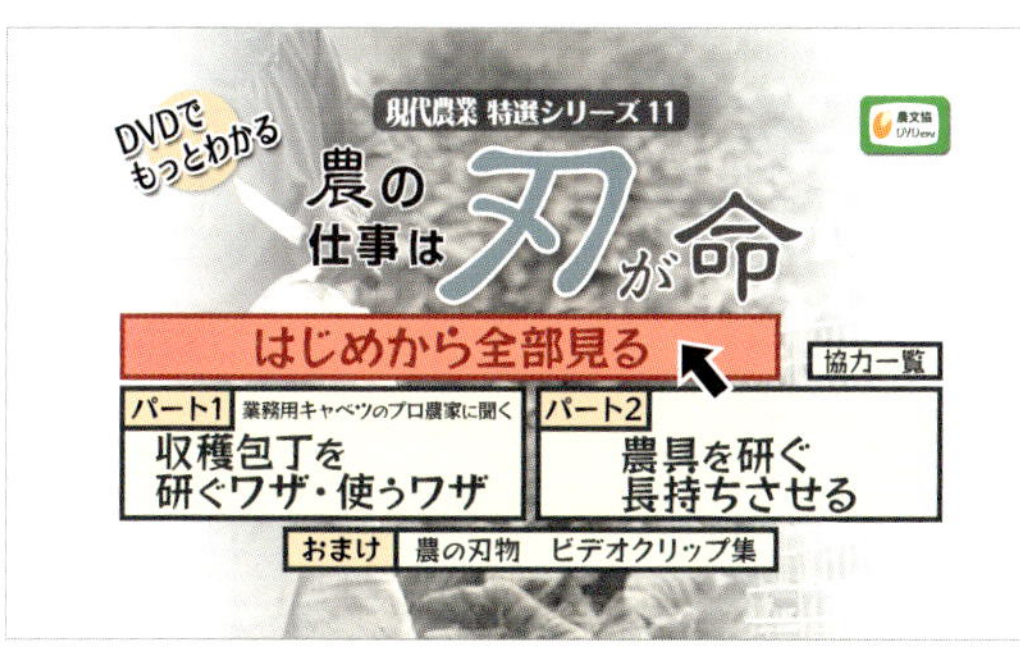

「全部見る」を選択。ボタンが黄色に

全部見る

「全部見る」を選ぶと、DVDに収録された動画（パート1・2・おまけ全44分）が最初から最後まで連続して再生されます。

「パート 1」を選択した場合

パートを選択して再生

パート1を選ぶと、パート1のみが再生されます。

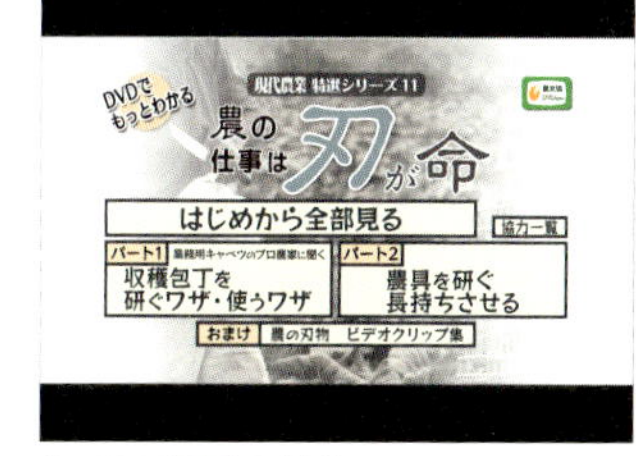

4：3の画面の場合

※このDVDの映像はワイド画面（16：9の横長）で収録されています。ワイド画面ではないテレビ（4：3のブラウン管など）で再生する場合は、画面の上下が黒帯になります（レターボックス＝LB）。自動的にLBにならない場合は、プレーヤーかテレビの画面切り替え操作を行なってください（詳細は機器の取扱説明書を参照ください）。

※パソコンで自動的にワイド画面にならない場合は、再生ソフトの「アスペクト比」で「16：9」を選択するなどの操作で切り替えができます（詳細はソフトのヘルプ等を参照ください）。

この DVD に関する問い合わせ窓口　**農文協 DVD 係：03-3585-1146**

目次

刈り払い機

研ぎ方・目立て

DVDでもっとわかる　現代農業 特選シリーズ 11

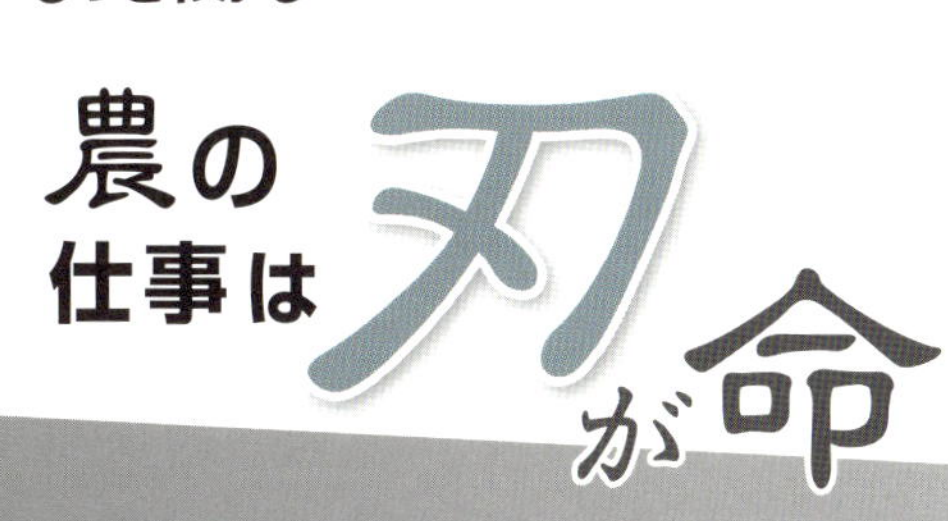

農の刃物

鍬も鎌もスコップも、包丁もノコギリも……
農の仕事の道具には、鉄でできた刃がついているものが多い。
耕す、植える、せん定、草刈り、収穫と、実際に仕事をしてくれるのは、
この硬くて鋭い刃物の部分。いったいどのような構造になっているのか。

軟鉄

軟らかい鉄（炭素含量0.3%未満）。
衝撃に強く、粘り強さが求められる
地金部分に使われる。

鎌

鋼（はがね）

硬い鉄（炭素含量0.3～2%）。
鋭く研いで刃先部分に使われる
ことが多い。硬いので、折れや
すい傾向がある。

軟鉄の地金の間に刃先になる鋼
を割り込んだ材料で鍛造した鎌
（Y）

包丁

ステンレスの地金で
鋼を挟んだ収穫包丁
（依田賢吾撮影、Yも）

鋼

ステンレス
炭素のほかにクロムなどを加えた合金鋼。サビにくくて磨り減りにくいが、衝撃には弱く、曲がりやすい。

農の刃物の構造

農の刃物の多くは、性質の違う鉄をいくつか組み合わせてつくられている。

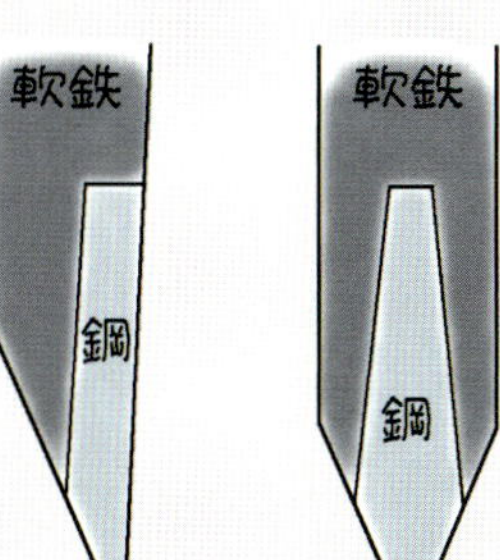

包丁や鎌の構造

一般的に片刃は刃を鋭角にしやすいので切れ味に優れるが、刃こぼれしやすい。軟らかい草を刈る田畑用の鎌などに向く。
両刃は切れ味は片刃ほどではないものの、耐久性がいい。硬い草を刈る山仕事用の鎌や収穫包丁などに向く。

日本刀にも通じる構造

日本を代表する刃物といえば、日本刀。切れ味鋭く、折れにくくて曲がりにくいのが特徴だ。鋼だけでつくった西洋の剣と違い、鋼と軟鉄を組み合わせて（外側が鋼、芯に軟鉄）できている。包丁や鎌、さらには鍬などにも通じる構造だ。

ステンレスの地金に鋼の刃をつけた
平鍬（戸倉江里撮影、Tも）

ステンレス

鋼

(Y)

昔ながらの鍬の構造

鍛冶屋さんがつくる耕耘用の鍬など、図のように構造が工夫されたものもある。地面に当たる側は地金の軟鉄で、反対側が鋼。使うほどに地金のほうが先に磨り減り、硬い鋼が出てくることになるため、切れ味が落ちにくい。

ノコギリには「アサリ」がある

ノコギリの刃は、「アサリ」といって左右交互に振り分けられ、ノコ目側から見ると少し幅を持たせてある。木の中に入ったときの摩擦抵抗を減らし、木屑を出やすくするため。

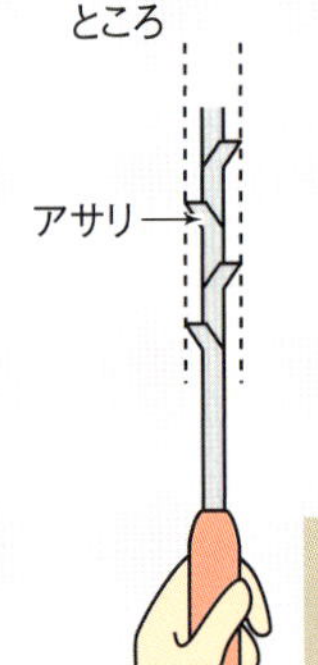

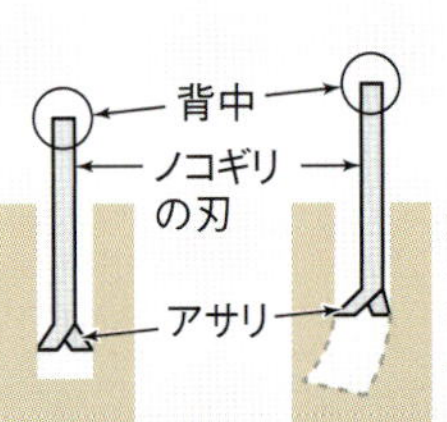

ノコギリ

鋼

両面砥石の荒砥で収穫包丁を研ぐ（Y）

ディスクグラインダーで
ノコギリ鎌を研ぐ（T）

研げば長持ち

刃物は切れ味が命。包丁もハサミも鍬も、硬い鋼の刃先を鋭く研いでやれば切れ味は復活。いつまでも快適に使える。刃の形に合わせて、砥石やグラインダーで研いでやろう。コツさえつかめば、研ぐのは意外と簡単。（詳しくは48ページからの記事参照）

ダイヤモンドシャープナーで
せん定バサミを研ぐ（Y）

お気に入りの収穫包丁を持つ平澤協一さん（右から２人目）と、ひらさわファームのみなさん（すべて依田賢吾撮影）

DVDでもっとわかる

包丁・ナイフ

でかいキャベツを一瞬で切る

疲れにくい収穫包丁

茨城県茨城町・平澤協一さん

ゴシゴシせず、突き刺して切る

業務用の大きなキャベツを、一年のうち一〇カ月、毎日のように収穫する平澤さん。収穫用の包丁については、研究につぐ研究を重ねてきた。

「一個三〜五kgもあるキャベツですからね。とくに女の人は、包丁の側面でゴシゴシするような切り方だと力がいるので、切るだけでへとへとに疲れてしまうんですよ」

家庭用の文化包丁に始まり、少しでも使いやすそうな包丁を見つけたらすぐ求めて使ってきた。いま使っているのは、キャベツの株元を突き刺す（押し切る）ようにして切るタイプだ。

「包丁の先を当てて上から体重をかけるだけで切れるから、ほんとラクなんですよ。これなら力のない女の人でも大丈夫です」

刃の材質と厚みをチェック

この押し切りタイプの収穫包丁、最近はホームセンターでも手に入る。ただ、巨大なキャベツを切り続けるハードな収穫作業に使うには、どれでもいいわけではないそうだ。平澤さんは、とくに二つのポイントをチェックしている。

まずは材質。ステンレス製は切れ味がいまいち。スパンと気持ちよく切れるのは、

奥さん愛用の収穫包丁。鋼なのでサビやすいが、切れ味鋭くて丈夫。頻繁に研いでサビを落としながら使う

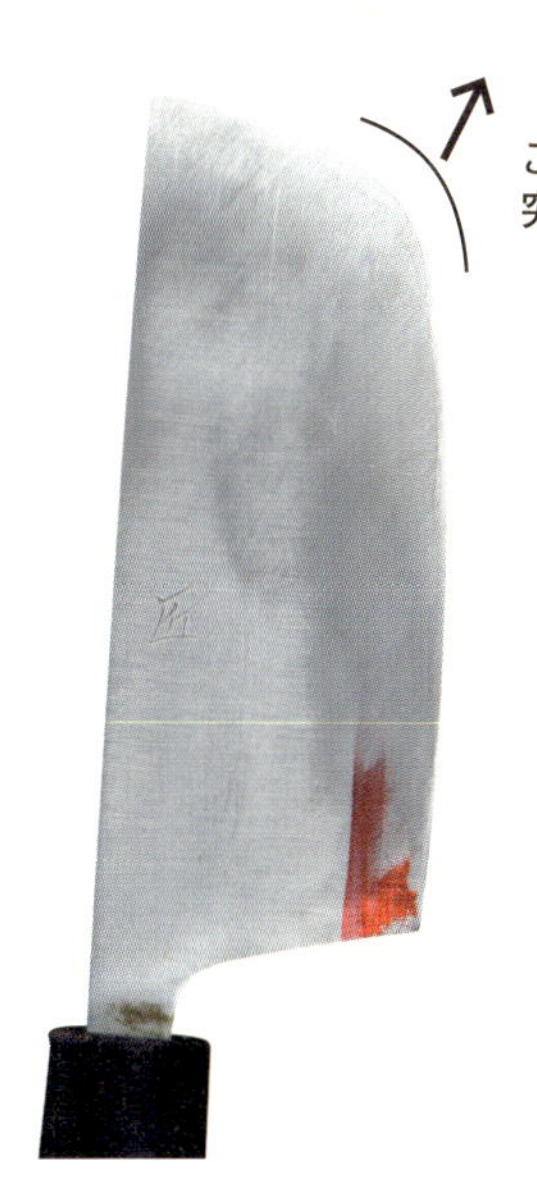

現在平澤さんが使っている押し切り型の収穫包丁。側面がステンレス、中に鋼が入っているのでサビにくくて切れ味もよく、刃もほどよく薄い。愛知へ視察に行ったときに見つけた

最初に使っていた家庭用の文化包丁。刃の側面でゴシゴシ切るため、疲れる

押し切り型収穫包丁の使い方

キャベツの株元に刃の先を当てて体重をかけてひと突きするだけ

やっぱり鋼の包丁だ。ただし鋼の包丁は、すぐにサビるのが難点。サビると包丁のすべりが悪くなり、だんだん切り難くなってしまう。そこで平澤さん、側面はステンレスだが、中に鋼が入っているタイプの包丁を好んで使っている。これならサビにくく、研げば切れ味も鋭く保てるからだ。

次に刃の厚み。包丁は、刃が薄いほど切れ味はいい。でも、体重をかけて巨大なキャベツを切ると、包丁には大きな負担がかかる。あまりに薄い包丁だと、曲がって折れてしまうこともあるそう。だから平澤さんは、安心して使える強度がありつつ、できるだけ刃の薄い包丁を選んでいる。

細かくいうと、刃の長さや柄の太さなど人によって気になる点はいろいろある。そこで、よさそうな包丁を見つけたらすぐ入手、いろんな包丁をそろえておき、家族やパートさんたちにはそれぞれのお気に入りの包丁を使ってもらっている。

ただ、いくら選び抜いた収穫包丁でも、使い続ければどんどん切れなくなってしまう。平澤さんは、一日二回、仕事前と昼食後に必ず包丁を研ぐ。最高の切れ味こそ、疲れない収穫包丁に欠かせない最大の条件なのだ（平澤さんの包丁の使い方と研ぎ方は付属DVDでたっぷり紹介しています）。編

私の直売所農業に欠かせない包丁たち

栃木・島田ミエ

直売所野菜の収穫・調製・荷づくりに欠かせない包丁

先を曲げた包丁（②）でハクサイの根元だけを切る

収穫や調製、荷づくりに大活躍

私が野菜の収穫に使う刃物には、包丁、ハサミ、鎌と三種類あります。それぞれ大きいものから小さいものまで野菜に応じて使い分けており、どれもなくてはならない刃物です。とくに包丁は毎日使うもので必需品です。ふだん台所では何気なく使う包丁も、直売所用の野菜の収穫や調製、荷づくりでは、用途に応じていくつも使うことになります。

包丁の使い分け方

現在、四～五丁の包丁を使い分けています。

① 菜切り包丁

長ネギの葉や葉物の根を切り揃えたり、キャベツやハクサイなどを二分の一や四分の一にカットするときに使います。平らな刃でスパッと切り落とせて、切り口がよく揃います。

② 先を曲げた包丁

先を曲げてあるので、結球野菜（とくにハクサイ）の根元の芯を軽く切りとることができ、見た目がキレイに仕上がります。まっすぐな包丁だと葉まで切れてしまうので、この包丁がとても便利です。

③ 先のとがった厚い包丁

先がとがっていて、刃がちょっと厚みがあり頑丈にできています。ブロッコリーやカリフラワーなど茎系の野菜の収穫のときに押して切るには最適です。よく切れるので、ブロッコリーもわき芽を傷めないように収穫することができます。

④ 刃の薄い包丁

形は③とよく似ていますが、紙を切ったり袋を切り開いたりするときに使っています。

このほかにも、手のひらサイズの小さい菜切り包丁があり、サトイモやショウガなどの根を切るときなど、細かい手先仕事にはたいへん重宝しています。

（栃木県佐野市）

＊二〇一二年一月号「私の直売所農業に欠かせない包丁たち」

筆者。７反の畑で直売所向けの野菜・花をつくる

包丁は重さも大事

宮城県村田町・佐藤民夫さん

包丁は農家の体の一部です

　トウモロコシの調製に使う包丁は、どれでもいいってわけじゃないんです。毎日平均三時間くらいは使うものだから、農家にとっては体の一部みたいなもの。だから自分の体に合ったもの、使い勝手がいいもの、なるべく体に負担がかからないようなもの、と常に考えて使っています。

　いまよく使っているのは、結婚式の引き出物でもらったものかな。最近の引き出物は自分で選べるカタログギフトが多いでしょ。農家はこういうカタログを見ると、まず刃物に目がいくもんなんですよ。で、実際に使ってみて、自分に合うようなものを作業場面も考えながら選んでいます。

包丁には「疲れない重さ」がある

　いちばんよく使っている包丁は「料理の鉄人」で有名な「陳建一」の名前が入っているやつです。刃が薄くて切れ味がいいこともありますが、持った感じがしっくりいく。重さも一二〇gほどで私の体力にちょうどいいんです。包丁は重さが大事なんですよ。

　トウモロコシは多いとき一日一〇〇〇本出荷するから、時間との勝負。鮮度が命だから、朝八時までには直売所に持って行きます。畑で収穫して家に持ち帰ったら、皮をむきながら虫喰いかどうか確認して茎を切り落とす。それにかかる時間は一本三秒くらい。虫喰いがあった場合はその部分を切り落とすことになるけど、そういうときは六秒くらい。トウモロコシの茎は硬いから、紙を切るような大きな固定式の切断機を使う人もいますが、短時間で量をこなすには手持ち包丁じゃないと絶対に間に合わない。

　収穫した実を手に持って、鉈のように茎を上からザクッと叩き切るわけですが、一二〇gの包丁だと力を入れずにスパッと切れるんです。ところが八〇gくらいの軽い包丁だと、切るときに腕の力が必要になる。逆に一五〇g以上だと腕を持ち上げるときに疲れちゃう。時間がかかるんです。ちょっとしたことですけど、これで作業効率が大きく変わります。 編

トウモロコシを調製する佐藤民夫さん（田中康弘撮影）

愛用の「陳建一」包丁でトウモロコシを調製。刃を少し傾けて鉈のように茎を叩き切るとラクにすばやく切れる（佐藤民夫さん提供）

＊二〇一二年一月号「野菜農家は常に刃物に目を光らせている」

よく切れる！ 大人気！

コンバインの刃から手作り包丁

秋田県三種町・中田清一郎さん

中田さんの手作り包丁。すべて鋼なので研ぎ部分が深く、刃が薄いのでとても軽くてよく切れる。ただしサビやすいので、使ったらすぐ乾かす

包丁を作っている中田清一郎さん。米13ha、野菜1haをつくる大農家

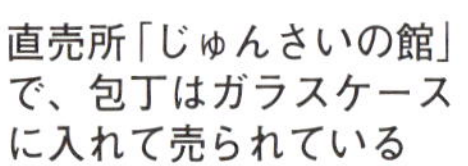

直売所「じゅんさいの館」で、包丁はガラスケースに入れて売られている

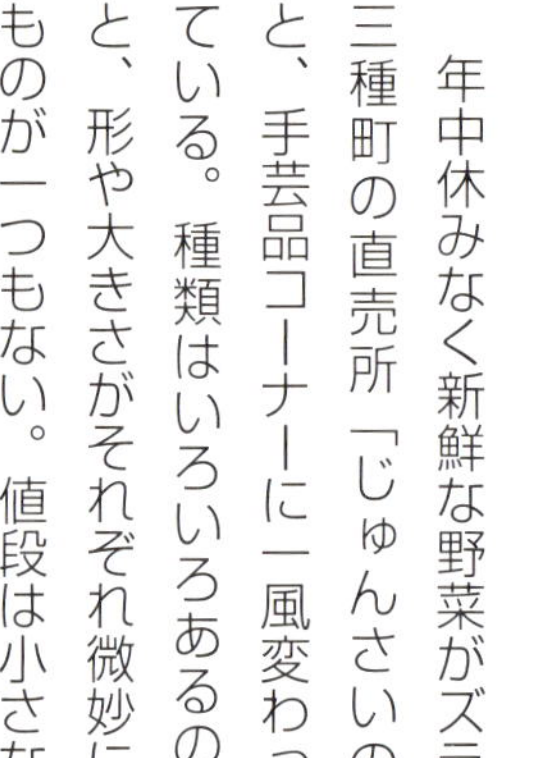

「よく切れる」と噂の手作り包丁

年中休みなく新鮮な野菜がズラリと並ぶ秋田県三種町の直売所「じゅんさいの館」。中に入ると、手芸品コーナーに一風変わった包丁が売られている。種類はいろいろあるのだが、よく見ると、形や大きさがそれぞれ微妙に違っていて同じものが一つもない。値段は小さな果物ナイフ系が三五〇円、ふつうの包丁の大きさで六〇〇〜八〇〇円とどれも安い。

じつはこれ、農家がコンバインの刃を再利用して作っている手作り包丁。「よく切れる」という噂が広まって、町外から買いに来るお客さんもいるほどの人気商品なのだ。

お客さんの声を聞いてみると……

「ハタハタの漬物をつくるときに頭っこを落とさなきゃいけないでしょ。そのときにこの包丁はすごくいいの。骨もスパスパ切れるからとってもラク。出刃より切れるのよ」

「果物ナイフみたいな小さいやつはホウレンソウとか野菜の収穫に便利ですね。軽いから疲れないし、よく切れる。雑草までよく切れる」などなど。

一人で何丁も買っていく人もいるため、早ければ一週間で三〇丁くらい「パタパタとなくなる」そうだ。

コンバインの刃は包丁に適している

そんな噂の包丁を作っているのは、直売所のメンバーである中田清一郎さん（八〇歳）。「器用な人」で通っている現役バリバリの百姓だ。

「包丁さ作りはじめて四〇年くらいかのぉ。もう何万本も作ってると思うが、ここ二〇年くらいはおもにこのコンバインの刃さ使って作ってる」

そう言って見せてくれたのは、コンバインの後方に付いている円盤状のワラ切り刃。これが包丁作りには抜群にいいという。

「刃物の材質は硬くなきゃダメなんだ。ぎゅっと力さかけてパキンッて折れるやつ。ぐにゃっと曲がるようなものは刃が立たねぇから刃物には向かねぇ。これまでいろんなもので作ってみたけど、包丁にはコンバインの刃がいいな」

このワラ切り刃、一台のコンバインに何枚も付いているものなので、スクラップになるとたくさ

素材はコンバインのワラ切り刃。上に重ねているのが、包丁にするために切断したもの。刃1枚から2丁作れる

コンバインの刃は切断機で切る

刃の部分と柄の部分を溶接する

溶接したものを万力で挟み、ヒノキの棒に電線カバーを被せて作った柄を差し込む

グラインダーで刃にする部分を研ぐ。砥石は3種類あり、粗研ぎ、中研ぎ、仕上げと3段階行なう

しゃくりとは

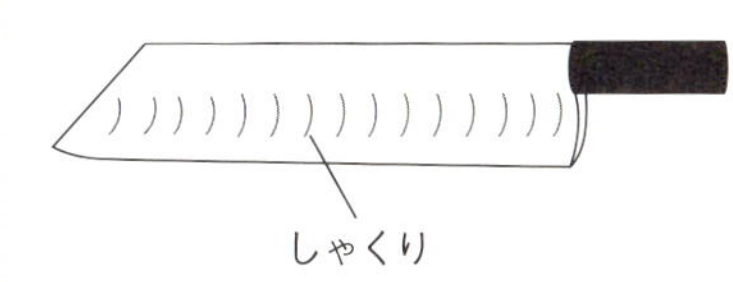

右利き用の包丁の場合は刃の左面を若干えぐるようにカーブさせて、しゃくりを入れる。左利き用の場合は右面にしゃくりを入れる

ん出る。知り合いの農機具屋さんが、まとめて持ってきてくれるという。

作り方は写真のとおり。畑仕事のできない雨や雪の日にせっせと作っておくそうだ。

よく切れる秘密

❶ 刃全体が質のいい鋼（はがね）

よく切れる秘密は二つある。ひとつは素材。刃全体が質のいい鋼でできていることだ。ふつうの台所用のステンレス包丁は材質が軟らかいので研いでもすぐに切れなくなるものが多い。でもこの包丁は、硬い鋼製。研げば刃をかなり鋭くできるうえ、切れ味が長持ちするのだ。

❷ しゃくりがついている

もうひとつは刃についたカーブ。

「刃はまっすぐだとぜんぜん切れねぇ。気持ち曲がっているくらいしゃくらねとダメなんだ」

中田さんの包丁は、上図のように刃全体に微妙にカーブ（しゃくり）をつけてある。グラインダーで研ぎながらつけていくものだ。これがあるかないかで切れ味がまったく違う。何万本の包丁を作ってきた経験から見えてきたことだ。

儲ける気はさらさらなく、ただ作るのが好き。みんなに喜んでもらえるのが嬉しいからやっていることだと中田さん。八〇歳現役、頼りにされる村の鍛冶屋さんのような存在である。 編

＊二〇一二年一月号「直売所で大人気の手作り包丁」

ネギ調製用ノコギリ包丁

秋田県湯沢市・佐藤義雄さん

（Y）

ノコギリのノコ刃を削り落とし、平らな刃に研ぎ直してつくった長い包丁。ノコギリの刃は薄い鋼なので、平らに研いでも切れ味抜群。収穫したネギの刃をまとめて切り落とせる。

（依田賢吾撮影、Yも）

あったら便利 オリジナル包丁・ナイフ

止め刺し用ナイフ

兵庫県養父市・崎尾 進さん

年間100頭以上のシカを仕留める猟師の崎尾さんが、シカの角で柄を自作したナイフ。獲物を止め刺し（とどめを刺す）する際、刺した勢いで手が刃の部分まで滑らないようにストッパーをつけた。

＊季刊地域 15 号「シカ角でつくりました！」

キュウリの収穫爪

茨城県古河市・松沼憲治さん

硬い鋼の刃に軟らかい鉄板を溶接し、指の形に合うように丸めた指輪タイプのナイフ。キュウリを片手ですばやく切れるので作業効率がいいだけでなく、実を傷めずに収穫できる優れもの。たまに研いでやれば切れ味もよくなるので何年も使える。

＊ 2012 年 1 月号「指にピッタリ、キュウリの収穫爪」

（A）

キュウリの上のほうを軽く握り、人差し指に付けた収穫爪で付け根をちょいと切る。１本切ってカゴに入れるまでわずか数秒（赤松富仁撮影、Aも）

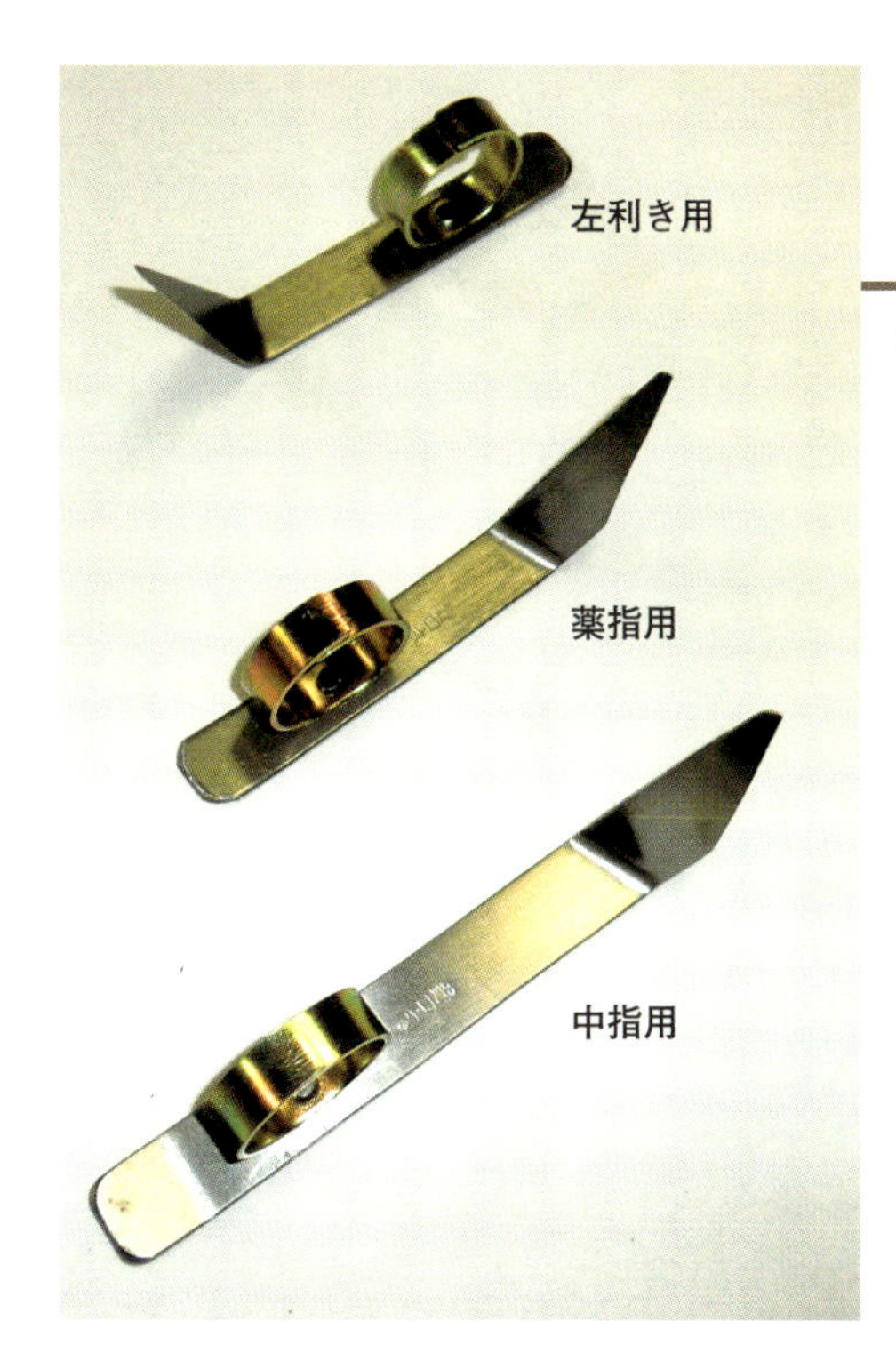

ハンドナイフ

埼玉県久喜市・平川まち子さんほか

誘引ヒモを素早く切れるハンドナイフ。中指にはめたままヒモも結べる。ナシのせん定請負母ちゃんグループの中で人気。「そんな器用なことできないと思ってたけど、使ってみたらすごく便利」「ハサミだと腱鞘炎になるけど、ハンドナイフならそれがない」といった声も。埼玉県久喜市の野口鍛冶店（TEL0480-85-0422）で購入。

＊2012年5月号「誘引がラクになる　わが家の便利道具」

ハンドナイフ（薬指用）でナシの誘引ヒモを切る

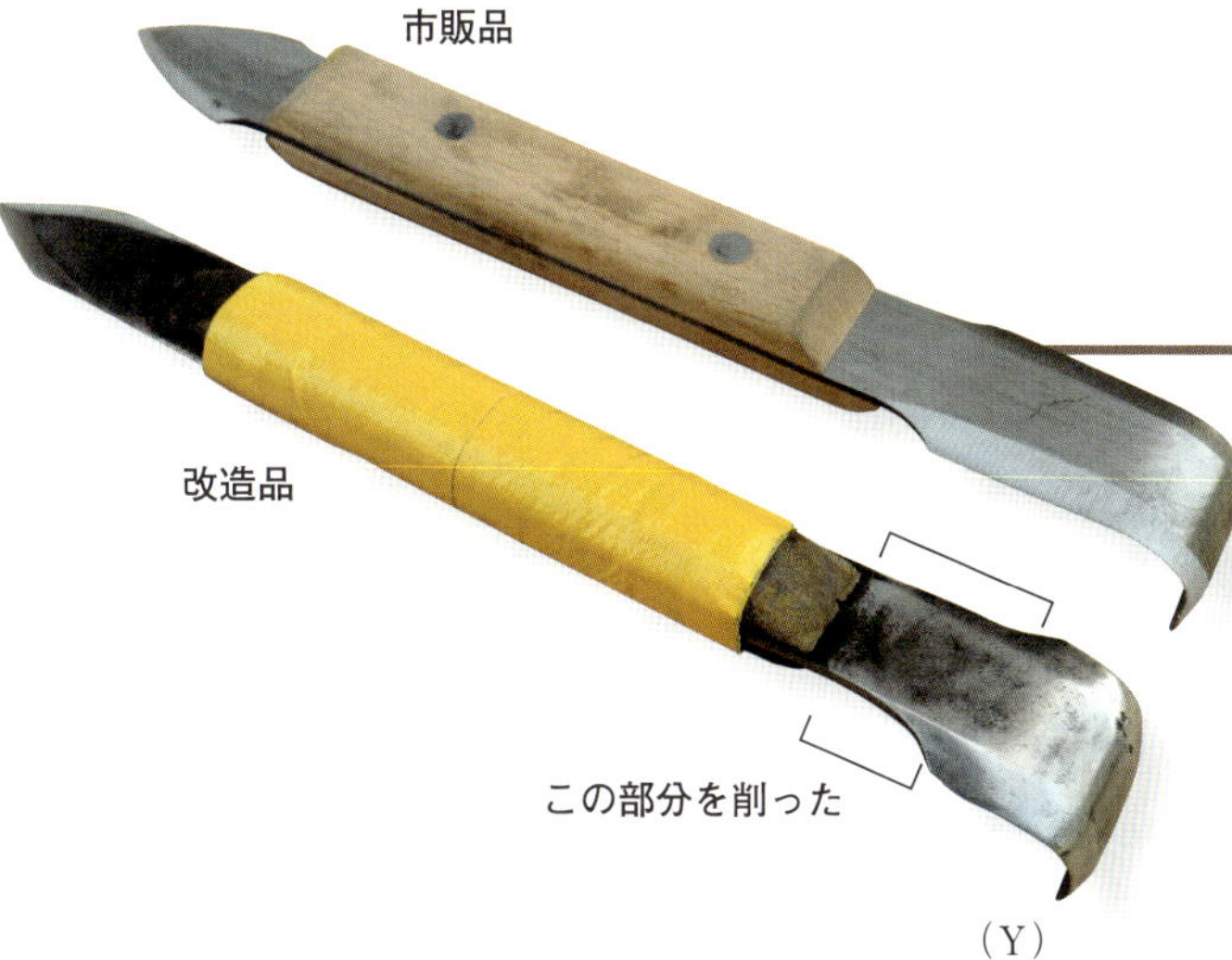

（Y）

改造フラン病手術ナイフ

長野県高山村・中沢尚夫さん

リンゴのフラン病患部を削り落とすためのナイフ。農協等で買える市販品は刃渡りが長く、アールのついた刃先で患部を削るときに力をかけにくい。そこで中沢さんは、グラインダーで刃を削ってしまい、アールの近くに親指を置けるように改造。力を込めて削れるようにした。

（Y）

一斗缶ナイフ

群馬県川場村・久保田長武さん

ナイフといっても、一斗缶を金切りバサミで四角に切っただけ。尖った部分を袋に突き刺して引けば、肥料袋がスーッと切れる。一斗缶は塗装されているのでサビないし、手を切ることもない。おまけにたくさん作れる。軽トラなどいろいろなところに置いて便利に使える。

＊2012年1月号「一斗缶ナイフ」

カット野菜、カットフルーツ販売のための ユニークカッター

近頃はカット野菜、カットフルーツが人気。
手間や力がいらない切り方から
見た目が美しい切り方まで、
手軽で便利なカッターをご紹介。

㈱平野製作所のびっくりカッター

「小型フードカッター分野のトップメーカー」ともいわれる平野製作所は、いろいろなびっくりカッターを作っている。

（倉持正実撮影、※以外）

ポテトルネードカッター

野菜が回転しながら前に進み、側面にある刃によってらせん状の切れ込みが入る。ジャガイモやサツマイモ、キュウリなどいろいろな野菜に使える。価格は16万8000円

フラワーカッター

半切りにしてタネをとったメロンが瞬時にフラワーカットになる。ただ半切りにするより大きく見える。9万8000円

ハンディきゅうりカッター

分割すると同時にキュウリの芯（タネの部分）もとれる。一説では、恵方巻きが広がったのは、これのおかげだそうな。2万4800円

電動ネギカッター

秒速3000回転で高速回転する2枚刃がネギを刻む。5万3000円

＊2015年9月号「ユニーク機械で匠のワザが簡単に」
価格はすべて税抜、㈱平野製作所　TEL0476-95-6311

マルチプレスカッター

カッターの上に野菜や果樹を載せてプレスすると、カットできる。カッターを交換することで、カットの仕方も変えられる。本体14万8000円から。カッター別売り

トウモロコシの実とりもできる

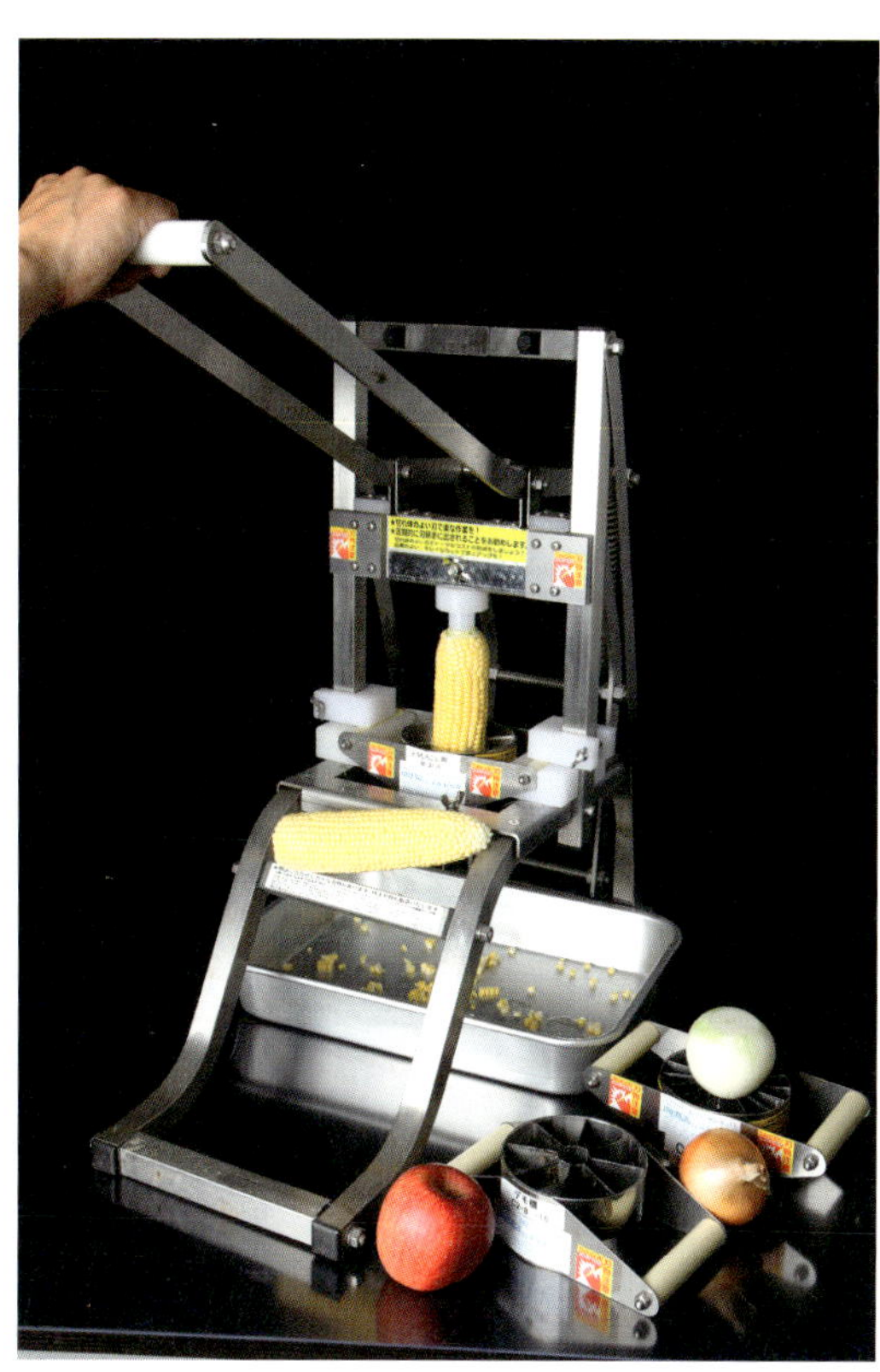

大型のプレス機なら、カボチャをも一刀両断できる（ヘタは硬いのでとっておく）

刃を交換して、タマネギを12分割

カボチャをラクに切る

切るのが大変な硬いカボチャも、ラクラク切れる道具がある。

かぼちゃスパッター

ハンドルを下げるだけでラクに真っぷたつ。包丁の刃が常に安全カバーの中にあるので安心。価格は5万円（税抜）

野口鍛冶店　TEL0480-85-0422

(※)

(※)

オールカッター

オールカッターでカボチャを切る沖縄の山城悟さん。2分の1、4分の1、サイコロ型、三日月型などさまざまな形にカットしたカボチャを直売所で販売。オールカッターは、カボチャのほか、もちやうどん、切り花などいろいろなものを軽い力で切れる多目的カッター。ネットショップで1万円前後で購入できた

＊2015年9月号「カットカボチャで売り上げ上昇中」
ウエダ製作所　TEL0794-62-6676

選び刈りできる

全長137㎝の大鎌で草を刈る筆者。刈るのは、大きくなって日陰をつくるカヤなどイネ科の草。また、ツルで這う草（カナムグラやノブドウなど）も、作物にからみつくので刈るか抜く。ちなみに私のハウスは、ウネ部分のみをトレンチャーで部分耕し、それ以外のところは不耕起。歴史の浅いハウスは写真のように草が生える
（すべて赤松富仁撮影）

鎌

刈り払い機より速い！ 安全！ 気持ちいい！

大鎌で草刈り ガソリン ゼロ

福島・小川 光

大鎌。
地元では根刈り鎌とも呼ぶ

DVDでもっとわかる

刈り払い機より速い!?

私は草刈りに、刈り払い機（草刈り機）ではなく、大鎌を使っています。これは、ハウス周囲の草を刈るとき、刈り払い機だとらせん杭にぶつかったり、マイカー線を切ったり、針金が絡みついたりといった事故が起こるのを防ぐためですが、そのほかに、大嫌いな排気ガスを吸い込みたくない・石を跳ね飛ばして失明したくない・ガソリンやオイルを入れるのが面倒だし金もかかる・冬季の保管が悪いと使うときに修理しないと使えない・音がうるさい・高いところのクズや枝落としがやりにくいなど、いろいろな理由があります。

大鎌でも慣れれば刃も入りますし、速さでは負けません。ある年、集会場いっぱいに生えたヒメジョオンを刈り払い機の人と同時に刈り始めたら、終わったときには私が七割以上を刈っていました。こんないいものがあるのに、みんなはなぜ刈り払い機を使っているのか理解に苦しむ……と思いました。

早朝草刈り、選び刈りが得意

一般に刈り払い機が大鎌に代わって使われるようになった背景には、メヒシバのような比較的軟らかいイネ科の草を、日中、地表近くで刈り取るには、大鎌より適して

左打ち用の大鎌（左）と、右利き用の大鎌（右）。右の鎌の形は、鉈のように、かん木などを叩き切るのに向いている

いるということがあると思います。草は日中しなっており、大鎌ではうまく刈れません。

しかし、イネ科の草は生長点が地際にあり、葉だけ刈ってもすぐ再生してきます。大鎌なら、逆に刃先で根元をえぐり取ることもできます。ただし草刈りを早朝にすることが必要となります。

また、刈り払い機を使う場合は、草は種類によらず、すべて刈り取ることを前提にしています。

いっぽう大鎌では、草の種類を見分けてメヒシバのような有害雑草のみを刈り取り、悪い草を抑える役割を果たすほかの草は刈らないことができます。

すると草の種類が改善され、短期間で草刈りが不要の草種に変わっていきます。たとえばヨモギやヨメナ（野菊）を残すようにすると、宿根草なので根が土をしっかり押さえて土壌侵食をくい止め、天敵の住処となって害虫被害がなくなり、マルハナバチも野生して花粉を交配してくれます。伸びすぎたら踏み倒せばよく、鎌はいりません。

大鎌で、地球を守る

刈り払い機で刈るか大鎌で刈るかは、「単に草を刈りたいのか、種類を選んで刈りたいのか」、また「朝型の生活か、夜型の生活か」など、生物多様性や環境問題、生き方などが広範にかかわってきます。最近は、都会の郊外の空き地の草刈りも騒音を立てて刈り払い機で行なっていますが、これなどは完全に大鎌のほうがいいと思います。

刈り払い機が畦畔の植物相に影響を与え、根が浅いイネ科植物を増やす結果となり、畦畔崩落や、水田に侵入する厄介な草の増加を促しているといえないでしょうか。大鎌を使うことにより、自然の生態系を活用して豊かな農業を再生したいものです。もちろん、ガソリンの高騰から財布を守ることや、健康、そして地球温暖化防止にもつながりますし。

（福島県喜多方市）

＊二〇〇八年八月号「大鎌で草刈り　ガソリンゼロ」

トウモロコシ
ノコギリ鎌でスピード収穫

宮城県村田町・佐藤民夫さん

直売所名人・佐藤民夫さんがトウモロコシ収穫に使うのは、ノコギリ鎌。実と茎を同時にバサバサ切り倒していく。1本1秒の早業で収穫できるうえ、収穫株と未収穫株が一目瞭然だから、効率もいい。

右親指で絹糸を挟み、左手に持ったノコギリ鎌の刃を雌穂（実）の元に当て、手前に引っ張る。雌穂が切り取られるのと同時に茎もバッサリ倒れる

左利きの民夫さんは、ノコギリ鎌を左手に持って収穫する
（すべて田中康弘撮影）

収穫した株は切り倒されるから、取り残しはゼロ。軽トラが圃場の中まで入れるから搬出もラク

絹糸を指の間で次々に挟みながら、6株連続して同じように刈り進める

絹糸の挟み方

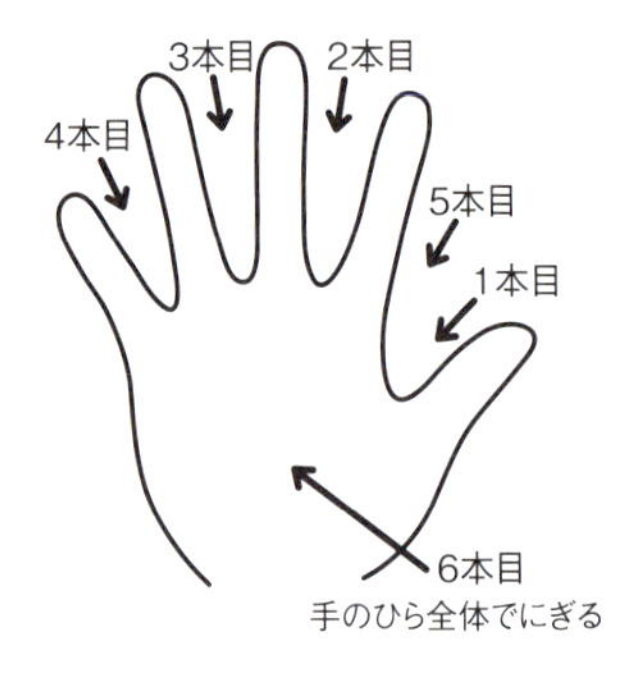

一度に6本ものトウモロコシを収穫した佐藤民夫さん

お見せします 自慢の鎌

自作の長い柄付きノコ鎌（左）と三角鍬を持つ大橋鉄雄さん（戸倉江里撮影、Tも）

低くて混み合った茶の樹下に突っ込んでラクに下草を刈れる（T）

茶の下草がラクに刈れる 長い柄付きノコ鎌

福岡・大橋鉄雄さん

雑草対策のオリジナル農具を数多く自作している茶農家の大橋さん（48ページ）。中でも重宝しているのが、古いノコギリ鎌でつくった長い柄付きノコ鎌だ。

除草剤を使わない大橋さんにとって、茶園の下草刈りは大変な仕事。普通の鎌では、背が低い茶の樹の下を覗くためにかがみ、さらに混み入った樹下に手を伸ばさなければ草が刈れない。辛い姿勢が続くうえ、ときどきマムシが潜んでいて肝を冷やすこともあった。

そこで考えたのが、ノコギリ鎌に長い柄を付けることだ。腕の長さ程度の柄だが、樹下に手を伸ばさなくていい分、姿勢はずいぶんラクに。マムシがいても、離れた位置から鎌で押さえ込むことができるので、心理的負担も格段に軽くなったそうだ。

手首が疲れずラクラク草削り ばっぱ鎌

有限会社 永井のくわ

畑や庭にしゃがみ、ねじり鎌で黙々と草を削るおばあちゃん。農村ではよく見かける光景だが、じつは結構力が必要で、手首も疲れる大変な作業。そこで㈲永井のくわが開発したのが、その名も「ばっぱ鎌」。

垂直につけた取っ手を握り、バンドで腕に固定する。手首が疲れないし、腕の重さが刃にかかるので、従来の３分の１の力で削れる。取っ手の位置を付け替えられ、椅子に腰かけた姿勢でも使える。

取っ手を垂直に持ち、バンドで腕に固定。「これなら毎日やっても疲れないねぇ」とばっぱ（おばあちゃん）たちに好評

ばっぱ鎌。鉄製2200円、ステンレス製2300円（いずれも税抜）。

●㈲永井のくわ TEL0247-78-2022

小さな草も軽々削れる

土郎（どろう）

茨城・魚住道郎さん

土郎を持つ魚住道郎さん
（依田賢吾撮影、Ｙも）

有機農業で野菜を3haつくる魚住さん。35年にもおよぶその経験から得た技術を後進に伝えるべく、有機農学校も主宰する。最近、受講者にとくにオススメしているのが、この「土郎」。市販のねじり鎌に長い竹の柄をくくり付けた単純な道具だが、これが雑草対策に優れもの。芽吹いたばかりの細いニンジンの脇に生えた小さな草も、立ったままサクサク削れる。やや広い株間に生えた草も、軽く引くだけで土を動かすことなくスーッと削っていける。竹の柄は軽いので扱いはラクだし、隣のウネにちょっと手を伸ばして削るのも軽々できる。「これで雑草対策がラクになれば、有機農業も楽しくなる」と太鼓判。

左：
細いニンジン脇の草も、ねじり鎌の尖った部分で削れる
右：
地面に平行に引けば、土をほとんど動かさずに広い範囲の草を削れる

（Y）

研がなくてもいい！

カッター刃利用のキク切り専用鎌

愛知・小久保泰洋さん

自作した鎌を持つ小久保さん。柄はこれまでの専用鎌のものを使い、刃の部分をカッター刃が使えるように改造（田中康弘撮影）

カッター刃の折れる部分2～3枚分を差し込んでネジで留めるだけ。切れなくなったら刃を取り替える

キクの大産地では長い柄の先に小さな鎌が付いたキク切り専用鎌を使う人が多い。でもこの鎌、１週間に１度は研がないとすぐに切れなくなる。

そこで小久保さんが考えたのが、研がなくてもいい鎌。カッター刃を利用したもので、切れなくなったら誰でもすぐに刃を交換できる。ラクに切れるよう、刃を留めるソケットの角度を徹底的に研究した。カッター刃１つでキク２万本も切れる。コストもかからないし、使い勝手もいいと評判になり、今では農業資材屋が製造販売するようになったのだそうだ。

●㈱ツボイ（岡山県）「フラワーカッター」90cmタイプで3800円（税抜）。TEL086-462-2766

＊2012年１月号「カッター刃利用のキク切り専用鎌」

立ったまま収穫できる

アスパラ収穫鎌

山形・高橋與彰

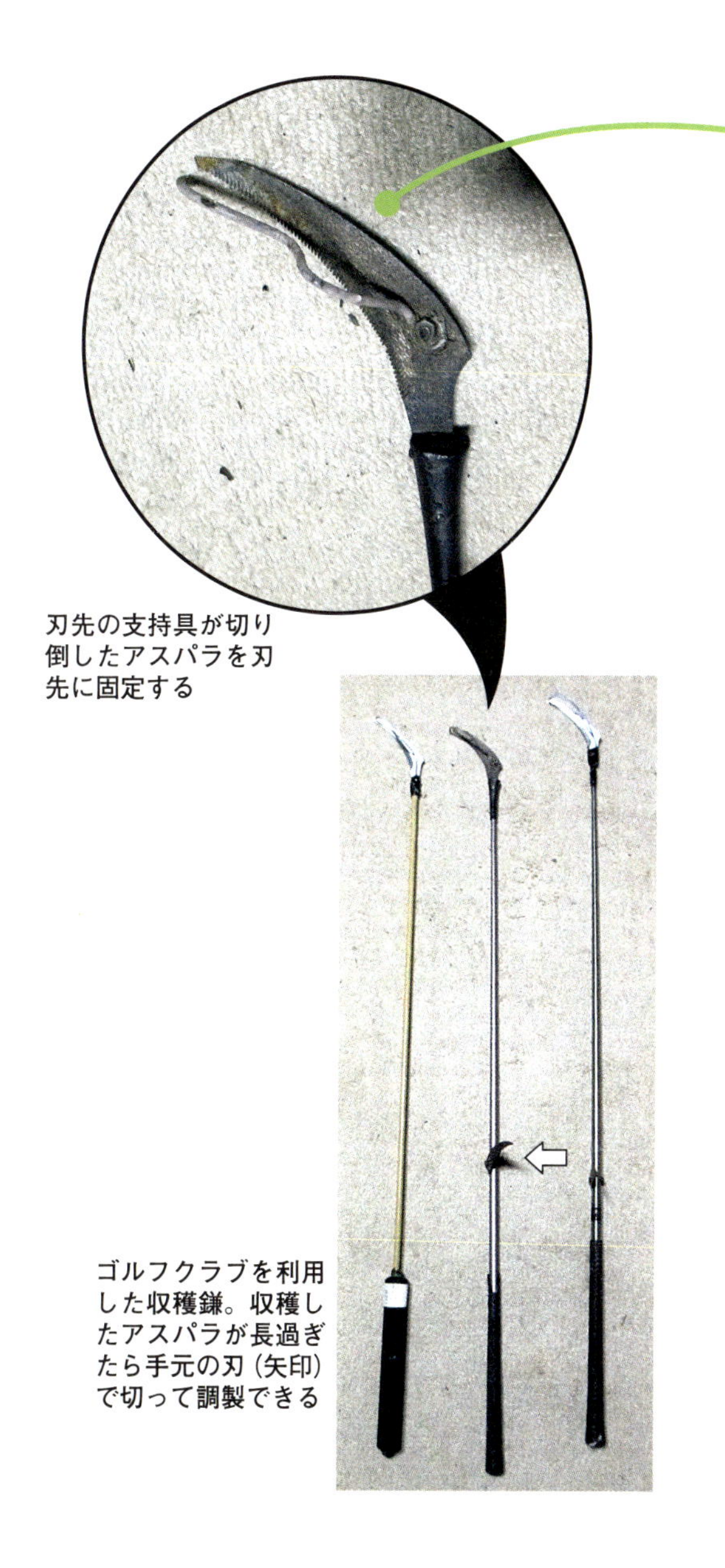

鎌を刃の背から見たところ。挟まったアスパラが動きにくいよう支持具はM字に曲げた

刃先の支持具が切り倒したアスパラを刃先に固定する

ゴルフクラブを利用した収穫鎌。収穫したアスパラが長過ぎたら手元の刃（矢印）で切って調製できる

アスパラ30ａを１人で栽培しています。収穫時のかがむ姿勢で強度の腰痛に悩まされ、立茎後にはアスパラの擬葉が目に入って痛いのにも難儀していました。

軽くて使いやすく、作業が早くて故障がない収穫ｐ道具を求めて、試行錯誤の末にいきついたのが写真の道具です。ゴルフクラブに刃先を溶接し、支持具を付けました。

使い方は右図の通り。立ったまま使え、器具が軽くて長時間の収穫作業でも疲れず、たいへんラクになりました。作業するのが楽しくて仕方ないほどです。ついでに雑草も刈れます。ハサミタイプの収穫道具では、こうはいきません。

ゼンマイやワラビなどの採取道具としても使えます。特許取得済み。商品化検討中。

＊2013年5月号「立ったまま収穫できる　収穫鎌」

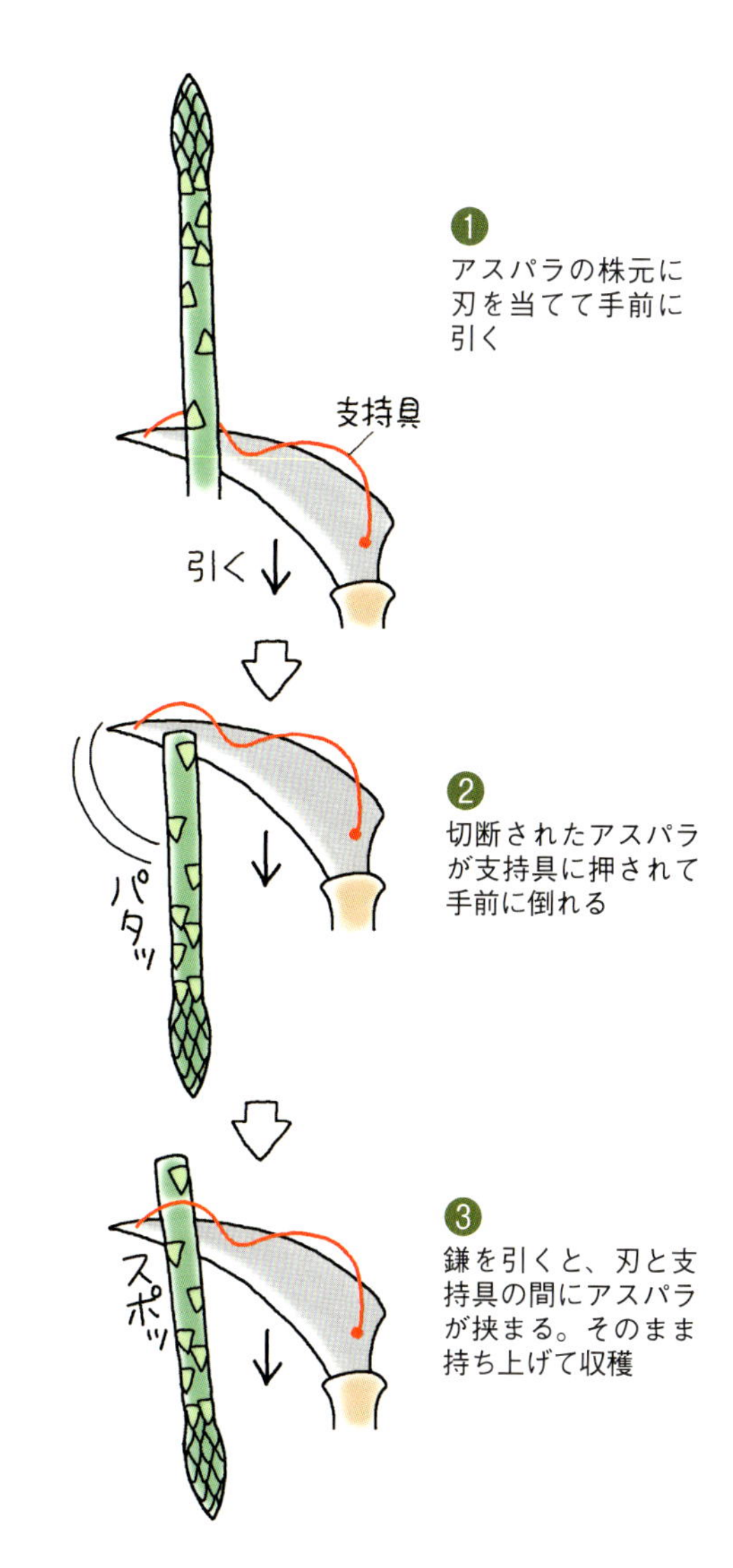

中沢尚夫さん。自慢のハサミを前にニコニコ（すべて依田賢吾撮影）

ハサミ・ノコギリ

DVDでもっとわかる

果樹職人が選ぶ

手になじんで疲れない せん定バサミはこれ！

長野県高山村・中沢尚夫さん

せん定バサミのコレクター

「気持ちよく切れる道具を使うと、作業が楽しくなる」と話すのは果樹農家の中沢尚夫さん（六〇歳）。ブドウ九〇a、リンゴ七〇aの経営で、せん定バサミだけでも三〇本以上持っている。使い心地にとことんこだわり、ハサミをこよなく愛する、いわゆるせん定バサミのコレクターだ。中でも特に職人さんが一本一本ていねいに作った手打ちバサミを愛用している。「僕はリンゴやブドウを約三五年つくっている。職人って言ったら笑われちゃうかもしれないけれど、同じつくり手として、ハサミの職人さんの気持ちもわかるんだ」と、少し照れくさそうに話してくれた中沢さん。あらゆる仕事はきちんと、気持ちよく、楽しくやる、がモットーだ。

だからハサミだって、翌朝気持ちよく使えるように毎日の手入れは欠かさないし、寒空の下でも楽しくせん定ができるように種類もいろいろ揃えているのだ。

疲れない津軽型ハサミ「薬師堂國定（くにさだ）」

中沢さん、刃物は切れ味が命だけれど、手が疲れないこと、手になじむことが第一だ、と考えてハサミを選んできた。

今いちばんのお気に入りは、「薬師堂國

普通に握った状態。
刃先が水平

人差し指の先に枝がくる。手首の負担が少ない

普通に握った状態。
刃先が上を向く

手首を曲げないと、刃先が水平にならない。手首に負担がかかる

定」（以下、國定）。青森の三國（みくに）剪定鋏製作所というところで、八〇歳を超える三代目・三國定吉さんがこしらえているハサミだ。津軽地方でリンゴ栽培といっしょに発展してきた「津軽型」の一つで、次のようないくつかの特徴がある。

▼コイルバネで衝撃を吸収

ふつうのハサミは、枝を切ると、鉄と鉄が当たってパチン、パチンと音がする。その衝撃がひんぱんに腕に伝わると腱鞘炎になり、切るたびに手首や肘、肩に激痛が走る。かつて中沢さんも腱鞘炎に悩まされていた。衝撃の少ないハサミはないものか。探しているときに地元の刃物店で出会ったのが津軽型だった。

津軽型には、その衝撃を吸収するコイルバネがついている。國定に限らず、津軽型はどれも、パチン、パチンという音がせず、手が疲れにくい。

▼刃の曲がりで手首の負担を軽く

國定の最大の特徴は、刃が小首をかしげるように曲がっていること。津軽型はどんどん改良が加えられており、最新型は刃が曲がっている。人差し指と同じ方向に刃先が向くので、切りたい枝のところに刃先がスッと入る。慣れるとじつに使いやすい。

たとえば刃がまっすぐのハサミは、手首

中沢さんお気に入りの　薬師堂國定

握る部分が打ちっぱなしの薬師堂國定。滑りにくい。今、一番のお気に入り

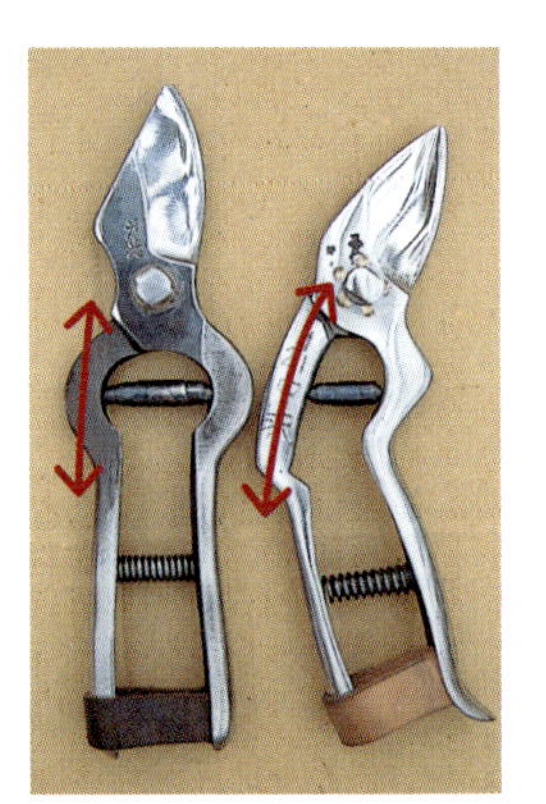

支点となる留めネジのところから親指がかかる握りの位置までが遠いほど力が入る

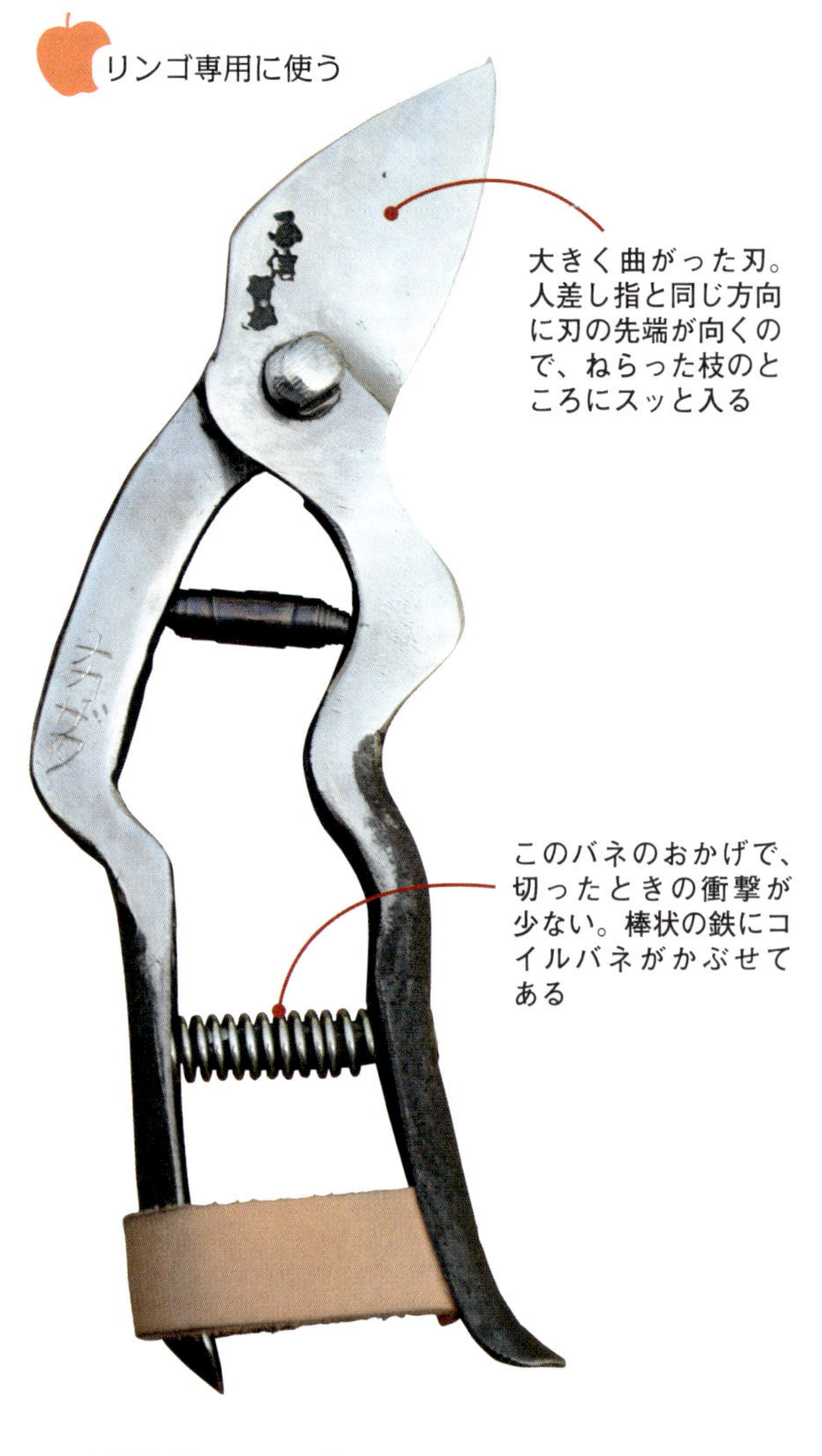

右利き用1万5000円

●問い合わせ先
三國剪定鋏製作所（青森県大鰐町）
TEL0172-48-2025

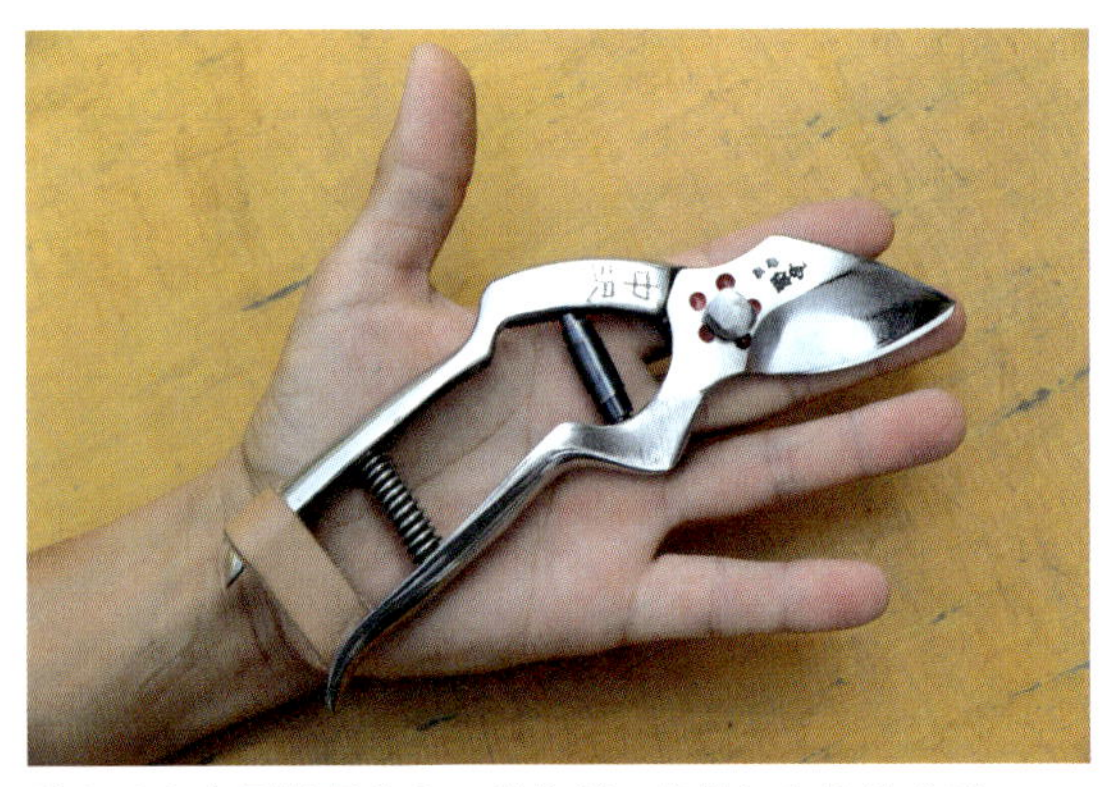

手のひらと同じ長さのハサミが、自分に合うサイズ。ピカピカに磨いてある薬師堂國定

をちょっと下げないといけないときがあるが、國定は初めから刃が下に曲がっているから、手首に負担がかかりにくい。

▼ネジから握りまでが遠くてラクに力が入る

國定は握りの部分の形が左右不対照なのも特徴的。この一見不恰好な形が中沢さんの手にはなじむ。ハサミはネジの部分が支点となって動くが、國定はほかのハサミに比べて支点から握りまでの距離が遠いから、テコの原理でラクに力が入る。

▼世の中に一つだけのマイハサミ

そして何といっても手打ちであることが、ハサミ好きの中沢さんの心をそそる。たい焼きみたいに型に入れて作るハサミもあるが、國定は手形のコピーや話し合いをもとに一丁一丁手作りするから、形がそれぞれ微妙に違う。六年前の春、初めて國定を手に入れると、すぐに息子さん用にも追加注文した。

そして今年、三國さんに七本目のハサミを作ってもらった。それは、他のハサミと違って握る部分が光っていない。「磨き」のハサミは見るときれいだが、手に持つと滑りやすい。それに比べ、この「打ちっぱなし」はザラザラしていて、滑りにくく、手になじむのだ。「ハサミは、飾りもんじ

ザ・中沢'sハサミコレクション

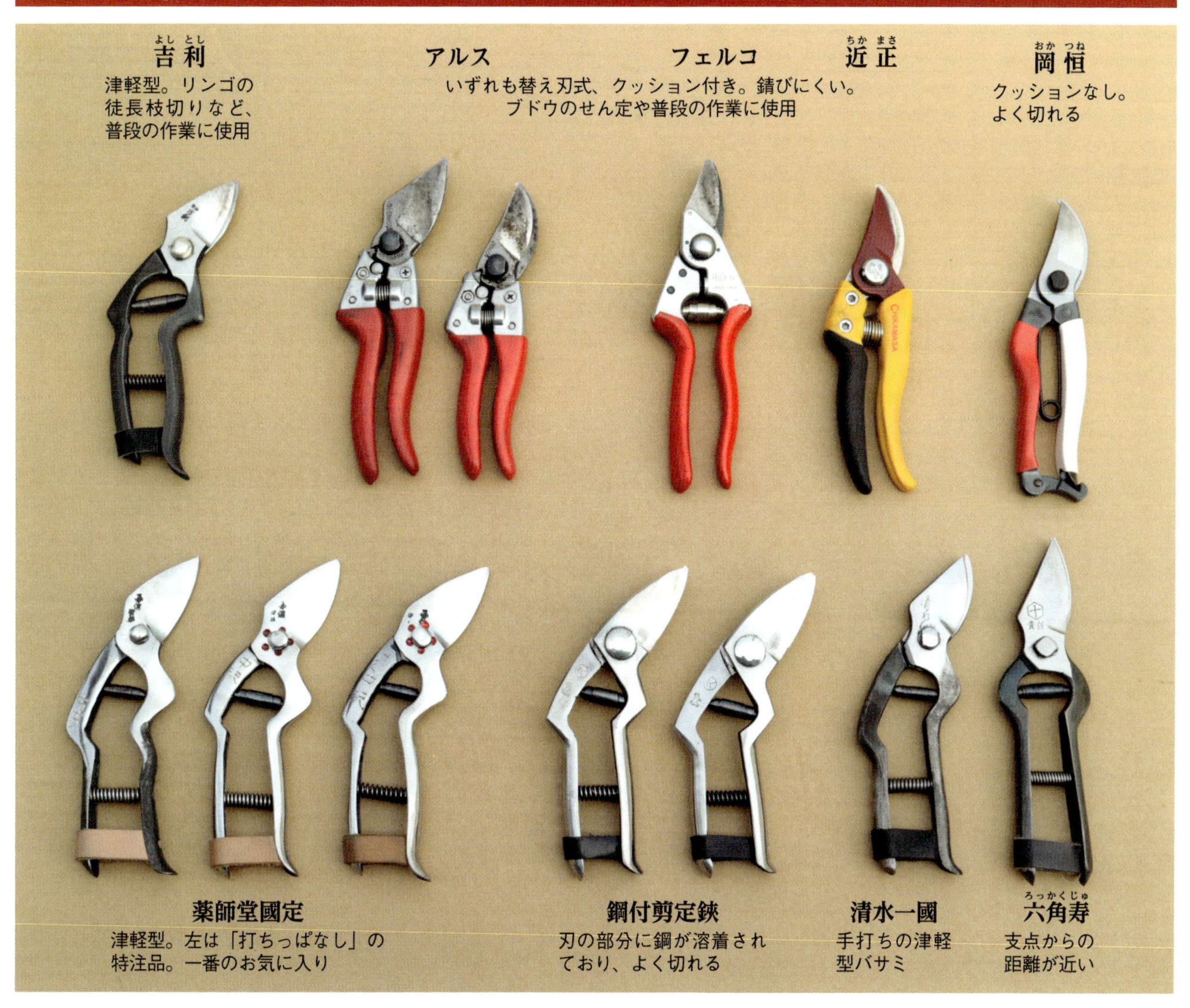

吉利（㈱佐野利　新潟県三条市 TEL0256-41-1211　ご購入はお近くの農協へ）。**アルス**（㈱アルスコーポレーション　大阪府堺市 TEL0120-833-202）。**フェルコ**（スイスのフェルコ社製、お近くのホームセンターへ）。**近正**（㈱近正新潟支店　新潟県燕市 TEL0256-61-0118）。**岡恒**（㈱岡恒鋏工場　広島県尾道市 TEL0845-22-2546）。**鋼付剪定鋏**（㈲㊇佐々木刃物　秋田県大館市 TEL0186-43-4833）。**清水一國**（田澤打刃物製作所　青森県弘前市 TEL0172-32-1087）。**六角寿**（三國打刃物店　青森県弘前市 TEL0172-33-2202）。

ゃない、あくまで道具だから」と頼んで、黒づくりにしてもらったオリジナルハサミ。中沢さんにとって、いまはこれがベストだ。

用途によって、ハサミを選ぶ

そんなに國定がいいのなら、他のハサミを持つ必要はないじゃないかと思うかもしれない。でも、管理不足の園地のせん定を頼まれたときには、高価な津軽型は使いたくない。ブドウのせん定のときもそう。疲れていたりすると、棚の針金を挟んで、ハサミを台なしにしてしまうことが年に何回かあるからだ。そんなときは「近正（ちかまさ）」や「フェルコ」や「アルス」を使う。いずれも替え刃式で、衝撃吸収クッション付き。三〇〇〇～八〇〇〇円と、わりと安い。しかも、近正は握る部分が黄色で目立つので、紛失しにくい。

せん定バサミは高価なものほどよいということではなく、手になじんで疲れにくいものが一番よい。いろいろ使ってみた結果、中沢さんが見つけた答えだ。編

＊二〇〇九年十二月号「ザ・中沢'sハサミコレクション」

仕事がはかどる
ノコギリ&電動せん定バサミ

福岡・小ノ上喜三

ノコギリの刃にも一長一短

せん定は四五年以上前、一八歳の時から始めた。ハサミと折り込み式のノコギリを買ってもらい、たいへんうれしかったことを覚えている。

ノコギリはその後、サヤ式のものを長く使用した。確か「キングタイガー」とか「金風」だったと思う。金風は切れ味抜群。しかし、折れやすかった。そのため、キングタイガーのほうを長く使用した。

その後、「市蔵」というすばらしい改良刃（木材との摩擦を少なくするため、等間隔にノコギリクズをかき出す窓が付いたもの）と出会い、ファンになった。

しかし、それにも欠点があった。刃が抜いてあるので、確かにノコギリクズの排出はよいのだが、小さい枝を切る時に引っかかって仕方がない。改良刃だけを使っていた頃は気づかなかったが、その後、丸源鋸工場の「大地」を使ってみてそれがわかったのである。「大地」は太枝も細枝も一本で切れるので、重宝している。

どんな枝でもなめらかに切れる「大地」

改良刃から「大地」に替えた理由として、せん定の手順を変えたことが挙げられる。当地のカキのせん定は、まずハサミを使い、ハサミで切れないものをノコギリで切るという手順だった。しかし、各地をまわり、リンゴなどのせん定を見ると、まずノコギリで側枝を整理してから補助的にハサミを使う感じがした。これだと樹の全体が見えるのである。私も常々せん定のマニュアル化、能率化を心がけており、ノコギリで全体の七割くらいを切れることは、とても大切だと思う。

なお、「大地」は替え刃式で一枚約一カ月持つ。一シーズン三枚もあれば事足りる。昔はときどきプロの目立てに出し、一回一五〇〇～二〇〇〇円かかっていたので、それを思うと、ずっと割安である。「大地」は刃組みが三通りあり、木目にあまり関係なく、どんな枝でも切れるので、大ファンになった。

筆者の愛用するノコギリ「大地」。本体2960円（税抜）～、替え刃1150円（税抜）～
（左ページ以外、すべて赤松富仁撮影）

●問い合わせ先
㈲丸源鋸工場（長野県須坂市）
TEL026-245-0675

ノコギリの刃の構造

横から見たところ　矢印の方向から見たところ

横引きの刃

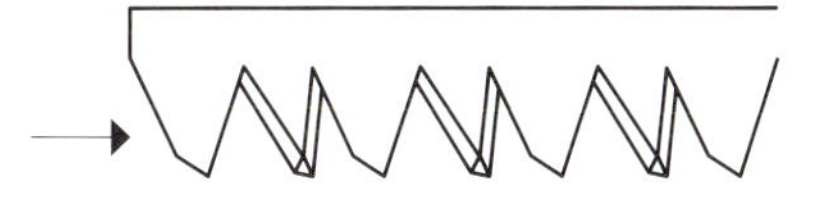

アサリあり（刃先が左右交互に開いている)。小刀のような刃で、木目に逆らって繊維を切る。刃が細かい。一般的

縦引きの刃

アサリあり。ノミ（鑿）のような刃で、木目に沿って繊維をそいでいく。刃と刃のあいだが広い

改良刃（窓あき)

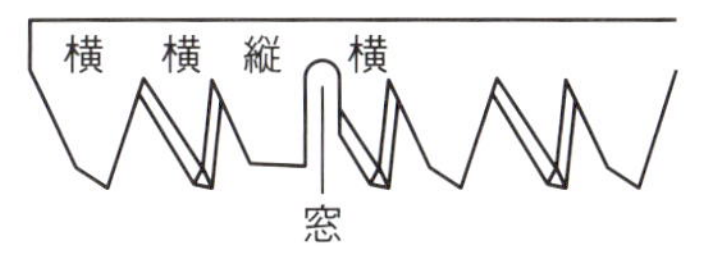

横引き刃（アサリあり）に縦引き刃（アサリなし）の混合刃。横引き刃8～12枚（4～6対）に縦引き刃1枚（窓1つ）が一般的。枝の付け根など、繊維が複雑に混ざり合っている部分を切るのによい。細枝を切ると、窓がひっかかって枝が折れることも

「大地」の刃

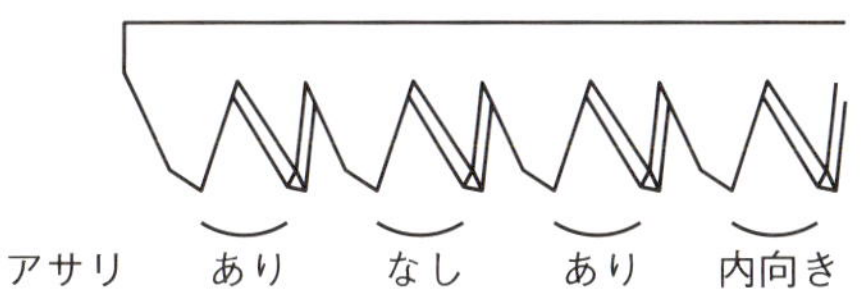

横引きの刃で、アサリあり、アサリなし、内アサリの3つが組み合わさっている。引きが軽いのによく沈む。改良刃に近い切れ方で、かつ細枝も切れる。刃が厚いので寿命も長い

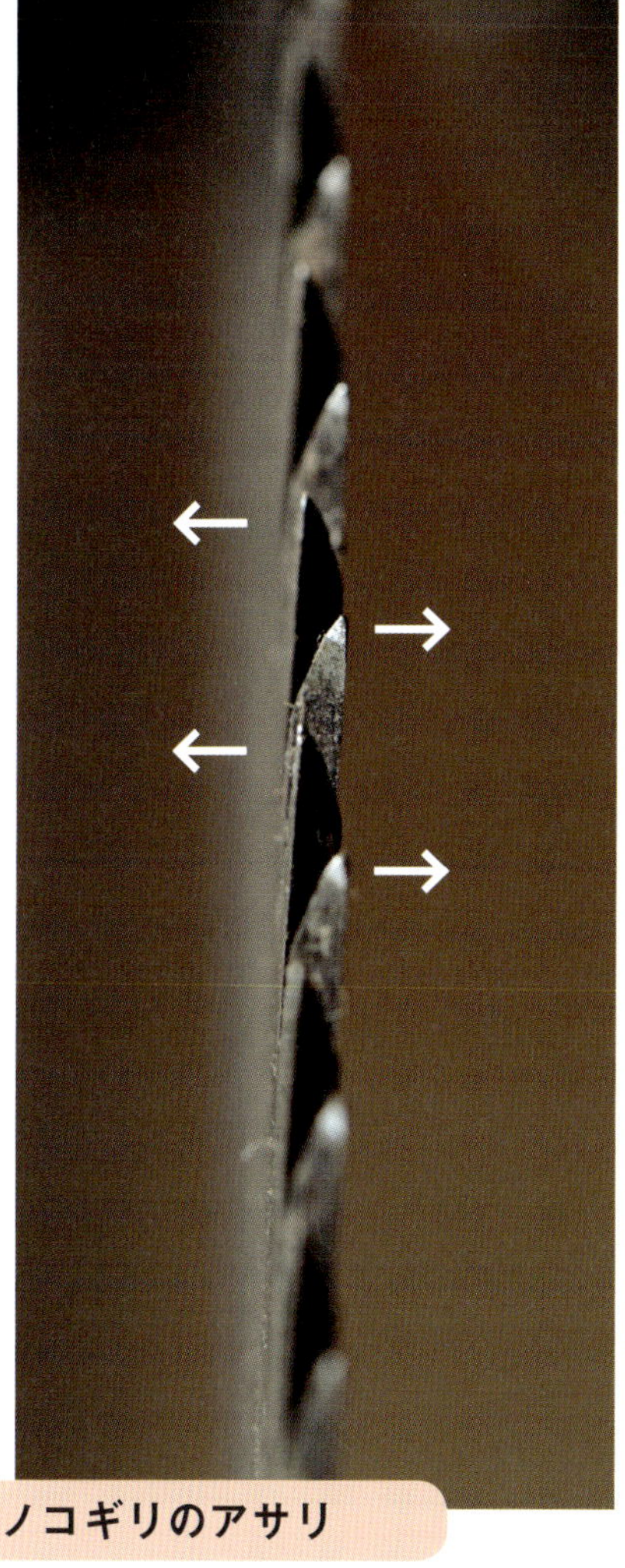

ノコギリのアサリ

ノコギリの刃を正面から見てみると、刃先が左右交互に開いている。これをアサリという。アサリのおかげで、ノコギリと切断面との摩擦抵抗が減るので軽く挽ける。また木屑を外に排出しやすくする機能もある
(依田賢吾撮影)

枝の切り方

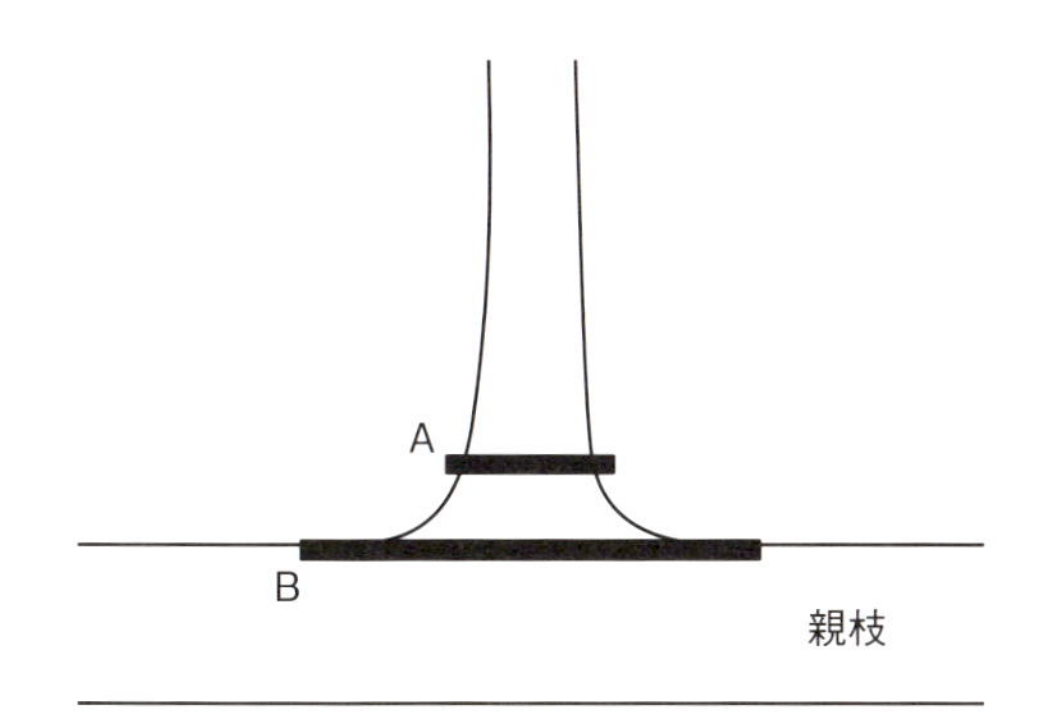

Aで切るのは最悪。木の繊維に対して直角(横引き）なので、よく切れ、切り口も小さいが、癒合が遅い。コブが残るので、芽も出るし、枯れ込みやすい。名人はBで、木質部をえぐるようにして切る。癒合が早い。ただ木の繊維に対して同方向（縦引き)、または繊維が複雑に混ざりあっているので、切るのは大変。だが、「大地」なら滑らかに切れる

電動せん定バサミの導入で助かった

いっぽう、ハサミのほうは、昭和六十年頃に「らくぎり」というコンプレッサー式のものを導入した。直径三㎝ほどの大きな枝も切れるようになり、たいへん能率があがった。しかし、いつからか使わなくなってしまった。

なぜかというと、ひとつにはそのエンジン音が挙げられる。果樹生産者にとって、冬季せん定は安らぎであり、癒しでもある。静かにラジオでも聴きながら仕事をしたいと思うのは私だけではなかろう。高所作業車を使うと、二台のエンジンをかけることになり、なおさらうるさくなる。また、ホースを引きながらの作業もかなり面倒だった。それでも、二〇一〇年はせん定作業が遅れていたので、「らくぎり」を使うことにした。しかし、コンプレッサー式は切った時の衝撃が強いせいか、萌芽しかけた新芽が飛んでしまう。

そんな時にナシ農家の友人からニッカリの「リキシオン」という電動せん定バサミを借りて使ってみたら、たいへん具合がよかったので、すぐに導入。太めの枝でも簡単に切ることができ、ずいぶん助かった。

二〇一一年、リキシオンをもう一台購入しようとしていた折、前述の友人から「マックスからよいのが出た」と聞き、実演機を使ってみたところ、これまたたい

リキシオン
片刃が動く

ザクリオ
両刃が動く

バッテリーとコードとハサミがセット。いずれも直径30㎜の枝まで切れる。リキシオン（左）は、ハサミ780g、バッテリー1.8kg、電圧44.4V、標準価格24万5000円（税抜）。ザクリオ（右）は、ハサミ920g、コントロールボックス＋電池パック1.33kg、電圧25.2V、標準価格22万5000円（税抜）

●問い合わせ先
・**リキシオン**　㈱ニッカリ（岡山市）TEL086-943-0051
（製造はフランスペレンク社）
・**ザクリオ**　マックス㈱（東京都中央区）TEL0120-228-358

へん具合がよいので、そのまま導入。
それぞれ一長一短あるが、使用感を述べてみたい。

電動せん定バサミの使い勝手

▼両刃が動き、枝に吸いつくザクリオ

マックスの「ザクリオ」で一番よいのは刃である。普通はいっぽうの刃しか動かないが、ザクリオは両方の刃が動く。そのためか、枝の際まで切ることができ、徒長枝等の切り口が低くなる（ノコギリにはかなわない）。また、小さい枝でもよく切れる。リキシオンは刃から枝が逃げる（滑る）ように感じるが、ザクリオは逆に吸い付くような感じがする。切ったときの衝撃も少ない。

▼満充電で約二日持つリキシオン、電池交換ができるザクリオ

リキシオンのバッテリーは一回の満充電（約五時間）で二日くらい使える。ザクリオは一充電（約四五分）あたり、私の使い方できっちり八時間しか持たない。圃場が近ければ昼食時に充電すればよいが、わが家のカキ園は、最も遠いところで一八㎞も離れているのでままならない。仕方なく、電池（二万九〇〇〇円）をもう一つ買い増しした。ザクリオは電池とコントロールボックスがカセット式になっているのでそれが可能だ。
いっぽうで、リキシオンは電池の寿命がきても、電池のみ交換というわけにはいかない。コントロールボックスと一体型なので、全部替えなければいけないそうだ。なんでも一〇万円近くかかるという。メーカーによると、電池の寿命は五～六年。いつその日がくるか心配である。

▼竹の枝切りにも使える

ザクリオとリキシオンは竹の枝切りにも都合がよい。竹の枝打ちは普通ナタの背を使うが、それなりの熟練が必要であり、特に女性には難しいようだ。わが園ではカキの支柱に多くの竹を使う。そこで、まずはチェンソーで竹を切り、その後、電動せん定バサミで枝切りを行なっている。

（福岡県朝倉市）

＊二〇〇八年十二月号「大地ノコギリなら太枝も細枝も一本で切れる」／二〇一二年一月号「電動せん定ハサミの時代がやってきた」

筆者。カキ約10ha、スモモ約1haの経営。せん定バサミは主にザクリオを使用。7台も持っている

お気に入りの ハサミ・ノコギリ

野菜の 収穫バサミ

刃を交換して、いつでも切れ味スパッ！

高知市・熊澤秀治さん

軟弱野菜の調製作業（根を切り落とす作業）に使用。スプリングの反発力があまり強くないので、長時間使っても疲れない。しかも、替え刃がある。家族三人分の刃を月に一回交換している。切れ味が落ちたハサミでサラダシュンギクなど特にやわらかい野菜を切ると、軸が潰れて日持ちが悪くなる。スパッと切れることってすごく大事。

＊二〇一二年一月号「刃が交換できる収穫ハサミ」

「ガーデニング鋏」
替刃式SE-45。1320円（税抜）
●アルスコーポレーション㈱
（大阪府堺市）
TEL0120-833-202

野菜によって使い分ける

福島県いわき市・東山広幸さん

茎や軸が硬い野菜（ナス、オクラ、コマツナ、カボチャ、エダマメ）には、DAHLIAかKENGYUのハサミを使っている。超丈夫で、切れ味も最高。軸（合わせの留め具）が頑丈で、何年使ってもガタつかない。

いっぽう、軟らかい野菜（キュウリ、サヤインゲン、クウシンサイ、ピーマン）には、一〇〇円ショップの文具バサミ。安くて手になじみ、手さばきが早い。

＊二〇一二年一月号「茎や軸が硬い野菜と軟らかい野菜でハサミを使い分け」

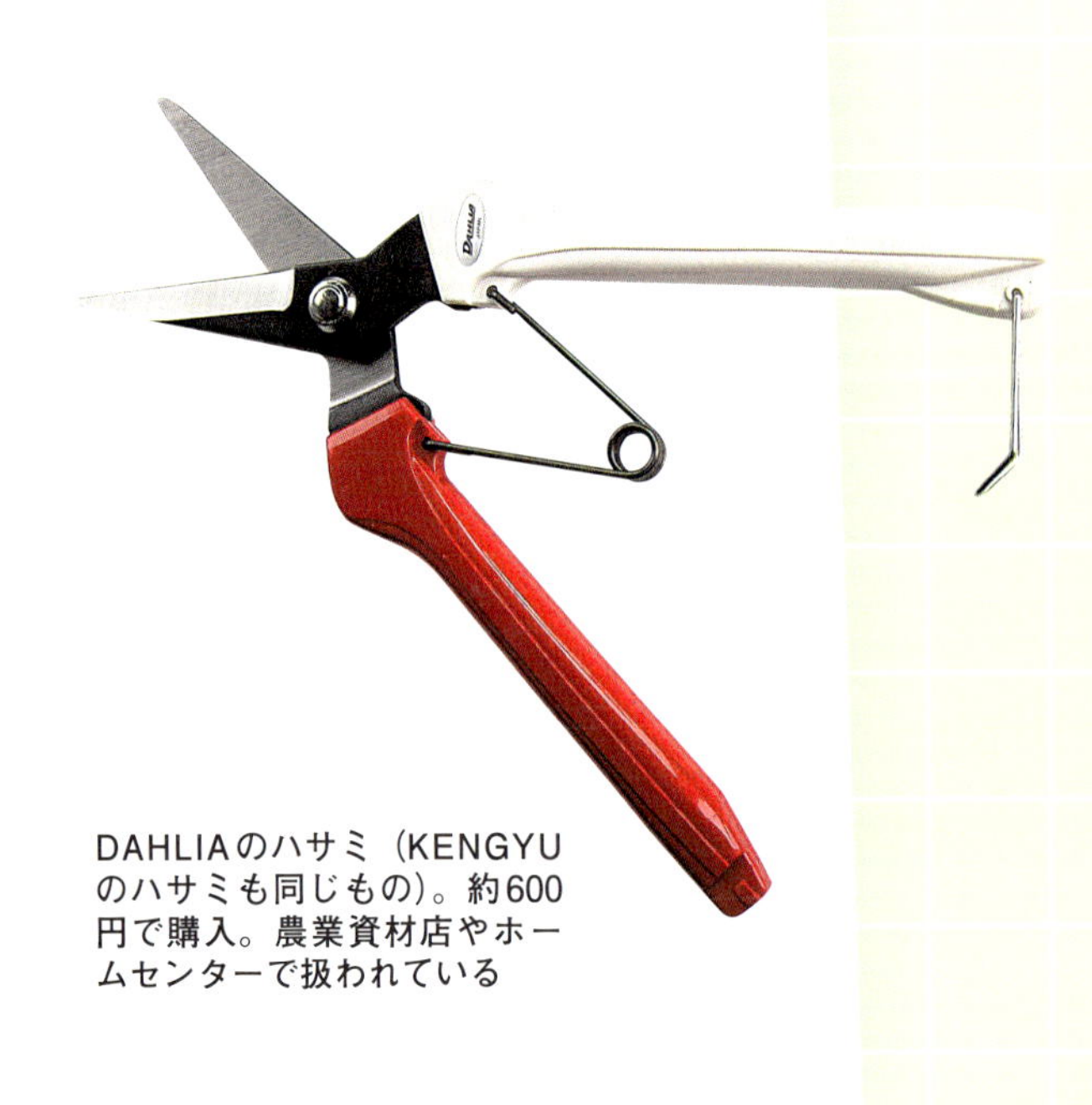

DAHLIAのハサミ（KENGYUのハサミも同じもの）。約600円で購入。農業資材店やホームセンターで扱われている

果樹の せん定バサミ

バネが軽くて疲れない、どんどん切れる

岐阜県中津川市・新田耕三さん

クリを約二haつくっております。面積が広いうえに、当地の低樹高栽培では夏にもせん定するので、手が疲れます。八三歳の身体にはなおさら……。そこで、よく切れて、疲れないハサミを選んでいます。

そのひとつがアルスコーポレーションの製品。バネが軽いので、力いらずでラクに切れます。徒長枝をどんどん切る低樹高のクリには合っていると思います。

＊二〇〇九年十二月号「バネが軽くて疲れないアルス　V8プロ」

ブイエイトプロ（V-8PRO）。オープン価格。参考上代4720円（税抜）。替え刃式だが、安いので毎年新調

●アルスコーポレーション㈱（大阪府堺市）TEL0120-833-202

最高！切るときに力がいらない

熊本県菊池市・小川権一さん

昭和二十七年から農業一本。現在八一歳で、クリ園が二・五haあります。

せん定では、ライオン（LOWE）のハサミが最高です。ドイツ製で、切れ味抜群。他のせん定バサミの六割くらいの力ですみます。これが一番の特徴でしょう。しかも、非常に丈夫で長持ち。刃を一回交換して、一〇年以上使っております。また、握る部分が赤いので、落としてもすぐに見つかります。今日現在、これしか使いたくありません。

ドイツ製のせん定バサミ「ライオン」。上刃が挽き切るように枝を切断するので、あまり力がいらない。切り口も美しい。各部品はすべて交換可能。8500円（税抜）（赤松富仁撮影）

●和光商事㈱（さいたま市）TEL048-845-0025

高枝切りバサミなら、地に足がついて安全

兵庫県三田市・小仲教示さん

クリ七・五ha、ウメ一・五haの大規模経営ということもあり、せん定では難しいことを考えず、一定の決めごとをしています。ひとつは脚立を使わないこと。クリの樹高を三・五mにし、地球に足をつけていることが何より安全。もうひとつは長尺ノコギリや高枝切りバサミを使い、脇をしめて持ったときに刃先が三mを超えないこと。道具の長さを決めてしまえば、樹はそれ以上高くなりません。

私の使うせん定バサミはほとんどニシガキ工業製です。隣の三木市にあるので昔から付き合っています。特に高枝（太枝）切りバサミの「太丸」は使い勝手がよく、テコの原理で太い枝も軽く切ることができます。

＊二〇〇九年十二月号「高枝バサミなら地に足がついて安全　太丸」

「太丸」一式。0.6m、0.8m、1m、1.5m、2mのタイプがある（小仲さんは1.7mタイプも特注）。参考売価5400～7000円

●ニシガキ工業㈱（兵庫県三木市）TEL0794-82-1000

果樹のせん定バサミ・ノコギリ

切れ味の次元が違うハサミ、経済的なノコギリ

北海道壮瞥町・藤盛元さん

リンゴ、サクランボ、ブドウ、プルーンで六haあります。鋼付剪定鋏の「指先と目と勘が生み出す究極のはさみ」という宣伝文句を見たら急にほしくなり、高価なものでしたが、注文してしまいました。

今までのハサミとは切れ方の次元が違います。大きく曲がった形は、握ったときに人差し指と同じ方向に刃の先端が向くのでじつに使いやすい。鋭角に出た枝の股のところに刃の先端がスッと入るので、きれいに切れます。切ったあとの反動もありません。久しぶりにハサミを持つ喜びを感じています。

またノコギリは替え刃タイプの「天寿」を使っています。安価なわりにはよく切れ、替え刃も安い（七〇〇〜八〇〇円）ので、切れ味が悪くなったら気兼ねなく交換できます。

＊二〇〇八年十二月号「切れ方の次元が違う佐々木刃物の鋼付剪定鋏」

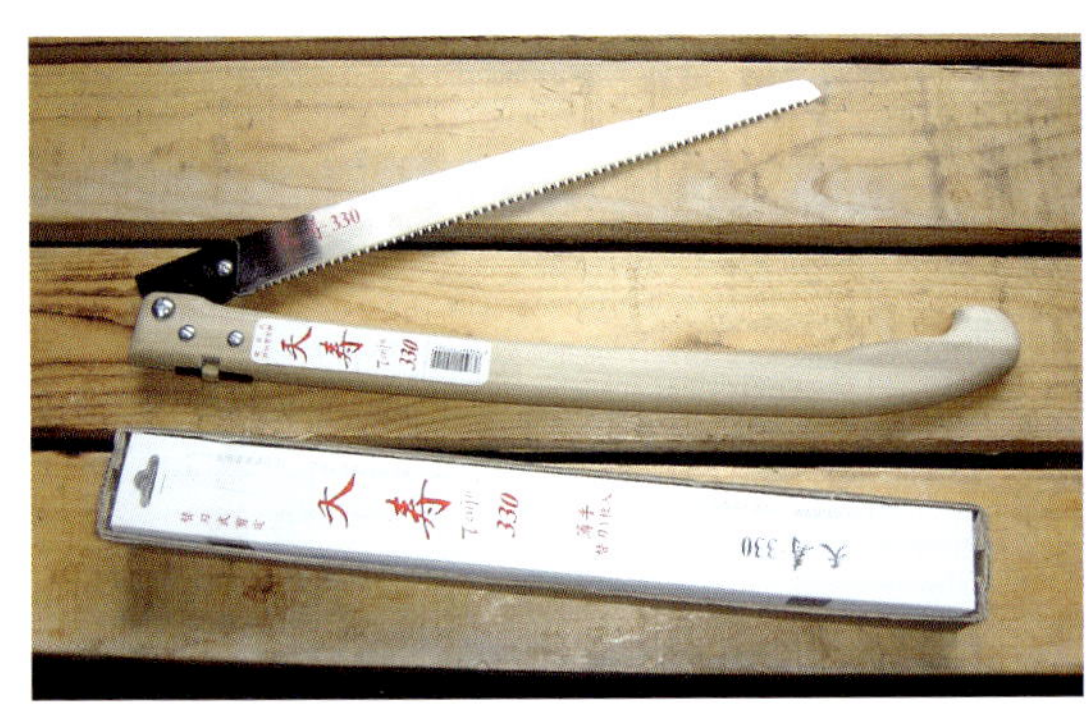

天寿のノコギリ。薄刃、折込式で刃渡り33㎝。約2000円で購入。他にも、さまざまなタイプがある

●天寿刃物本舗（兵庫県三木市）TEL0794-82-5449

「鋼付剪定鋏」。2万2000円。刃の部分に青鋼（青紙）という非常に硬い鋼を使用。手形のコピーを送って、自分の手の大きさに合うものを選んでもらった。少ない手の動きで、刃が大きく開くのでラク

●㈲㊇佐々木刃物（秋田県大館市）TEL0186-43-4833

軽く引くだけで、刃が沈むノコギリ

青森県弘前市・丸岡春樹さん

侍シリーズの「一番」というノコギリは、押さえ付けなくても、軽く引くだけで刃が下に沈んでいきます。煙突ほどの太さの樹でも簡単に切れます。チェンソー並みです。なにより切り口がとてもきれいなので、すぐに癒合（傷口が回復）します。刃は曲がりにくく、折れにくい。切れ味も落ちません。目立てはめったにしません。

＊二〇〇九年十二月号「軽く引くだけで切れるノコギリ　サムライ一番シリーズ」

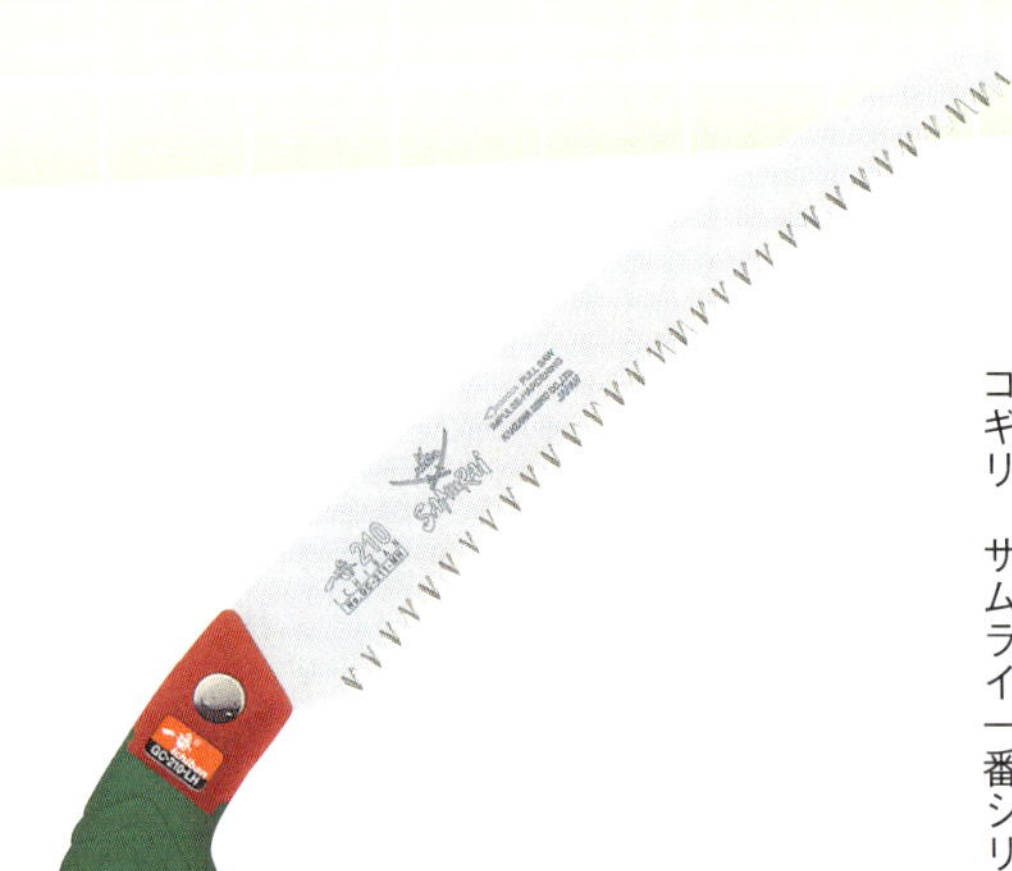

「三人の侍」シリーズの「一番」。刃が曲がっているので、軽い力で速く切れる。替え刃もある。価格は刃長によって違い、2285円（税抜）〜

●神沢精工㈱（兵庫県三木市）TEL0794-82-0387

果樹の 電動せん定バサミ

フェルコ801　フェルコ社（スイス）

世界100カ国以上で使われているせん定バサミメーカー。2時間の充電で約8時間使用できる。本体重量745gの最軽量モデル。3段階の細枝モード搭載。防塵、防水。バッテリー電圧37V。価格は25万8000円（税抜）。

●昭和貿易㈱（大阪市）TEL06-6441-8123

エレクトロクープ　インファコ社（フランス）

使っている農家の声。「パワーがあって刃の動きがスムーズ。しかも、生活防水機能もついているので、雇用を1人入れたくらい助かる」「太枝を切ったときの衝撃がまったくない」。バッテリー電圧48V。最大切断径4cm。価格は25万円（税抜）。

●和光商事㈱（さいたま市）TEL048-845-0025

充電式電動剪定はさみ　エムケー精工

埼玉のナシ産地で普及。販売店によると、ハサミが軽い（750g）ので、お母さんたちにも好評。約2.5時間の充電で1日使える。バッテリー電圧14.4V。価格は12万5000円（税抜）。

●㈲野口鍛冶店（埼玉県久喜市）
TEL0480-85-0422

充電式せん定ハサミ

最新モデルのUP361DPT2。リチウムイオンバッテリーを2本使用。1回約45分間の充電で、直径15㎜のブドウの枝なら、約7万本切断できる。日本製鍛造刃で快適なせん定を実現。バッテリー電圧36V（18V×2）。価格は22万5000円（税抜）。

●㈱マキタ（愛知県安城市） TEL0566-98-1711

＊2012年1月号「電動せん定ハサミのいろいろ」

ラクラク

改造バサミで、ブドウづくり

長野・**浦野寛市**

ブドウを四〇a栽培しています。巨峰などは摘粒が遅れると、ぎっしりトウモロコシのようになって、ハサミが入りにくくなります。そのような状態になっても摘粒できる道具がほしいと思い、従来の摘粒バサミを改造しました。

作り方はまず、ハサミの先をバーナーであぶり、赤くなったら直径一三㎜の水道管（鉄管）に載せて、上から金槌でトントン。曲がったらまた赤くして、廃油にドボンで焼きを入れます。直径一三㎜の水道管が刃先のカーブをとるのにちょうどいいのです。また、私はスキーのワックスバーナー（スキー板に塗るワックスを溶かすためのバーナー）を使っていますが、火力が弱いので、もう少し大きいバーナーのほうがよいと思います。

使うときは、刃先をブドウの果粒の曲面に沿わせてスーッと入れます。普通は下からすくいあげるようにしますが、上からかき下ろすのも、なかなかおもしろいです。このハサミは刃先を曲げ、峰（刃の反対側）を削って薄くしてあるので、粒の間に入りやすく、また、粒を傷めません。そして、先端のカーブがスプーンのようになり、切った粒をすくい出してくれます。おかげで、摘粒がたいへんラクになりました。

その他、花穂整形で一度にたくさんの花（粒）を切り落とせる「パラレルチョッキン」や、干し柿をつくるときに便利な「ガク切りナイフ」もあります。

（長野県中野市）

＊二〇一三年七月号「刃先の曲がったハサミ　トウモロコシのような房でも大丈夫」

刃先の曲がった摘粒バサミ

バーナーであぶり、金槌で叩いて、刃先を曲げた
（すべて依田賢吾撮影）

普通の摘粒バサミ

刃先がまっすぐなので、果粒の間に入れにくい。
無理に入れると傷つけてしまう

刃先の曲がった摘粒バサミ

ブドウの果粒のカーブに沿って、刃先がスッと入る。
果粒がギュウギュウでも、傷つけずに摘粒できる

筆者。75歳

パラレルチョッキン

花穂整形や初期の摘粒の際、刃をそれほど開かずに、一度にたくさんの果粒（花）を切り落とせる。普通のハサミで刃の奥まで使おうとすると、刃先が開きすぎ、余計な果粒まで切ってしまう

グラインダーで刃を削って、細くした。点線部分はもともとの状態

改造後　改造前

ハサミを同じぐらい開いたところ。改造前は刃先でしか切れないが、改造後（パラレルチョッキン）は刃の奥でも切れる

カキのガク切りナイフ

干し柿をつくるときに使用（時期はずれだったので、青いカキで実演してもらった）。刃先の窪みにカキの軸を当て、果実をまわしながら、ガクを切り落とす。ナイフが安定するので、するすると切れる。手をケガすることもなくなった

カキの形によって、2種類を使い分けている。折りたたみナイフ「肥後守」の刃先に窪みをつけた（矢印）

刈り払い機

刃のギザギザが小さい岩間式ミラクルパワーブレード。毎分3000～5000回転で十分に草を刈れる

一般的なチップソー。毎分6000～9000回転程度で使われる

比べて検証

刈り刃は小さいほうがよく切れる!?

（すべて依田賢吾撮影）

チップソーは音も振動も大きく、草が巻き付く

刈り払い機の刃といえば、思い浮かべるのはあのギザギザの円盤。刃の部分に超硬チップ（鉄より硬い合金）がついて、切れ味が落ちにくいとされるチップソーだ。

だがそこへ、「低速なのによく刈れる」「従来のチップソーと比べて二〇～五〇％燃料代が削減できる」という岩間式ミラクルパワーブレードが登場。その実力はどれほどのものか、一般的なチップソーと刈り比べてみた。

比較に使ったチップソーは、ホームセンターで一五〇〇円ほどで購入したもの。刃のギザギザが大きく、軽量化の穴もたくさん開けてある一般的なタイプだ。

ホンダの四サイクルエンジン刈り払い機に取り付けて作業を開始。エンジン回転数を「低」と「高」のちょうど中間くらいに設定すると、安定して刈れた。が、ブイーンブイーンと結構な音と振動だ。また、ときどき草が巻き付いてくるので、そのたびに振り落としてやらねばならない。

見た目は頼りない岩間式だが…

一列刈り終わったところで、岩間式ミラクルパワーブレードに交換。実際に刈り刃を見ると、ちょっと不安になるくらい刃が

岩間式のほうが草が散らばらず、刈り高さも揃ってキレイに刈れた

チップソーでは、これくらいエンジン回転数を高くしないと安定して刈れなかった

岩間式でのエンジン回転数はこれくらい。たしかに低くても軽々刈れた

小さい。なにせボウボウに伸びた草だ。

それでも、「低速回転で刈れる」とのことなので、エンジン回転数を先ほどより「低」側に設定して刈り始める。

すると……切れる切れる、サーッと草が倒れていく。エンジン音も振動も、さっきと比べると拍子抜けするほど小さいのに、おもしろいように草が刈れてしまうのだ。

刈った跡を見てまたびっくり。チップソーで刈ったほうと比べると、刈り高さがキレイに揃い、散らばった草も少ない。草が巻き付かないため、刈り刃を無駄に振ることがなかったからだろうか。

穂が伸びきったイネ科の硬い草でも、問題なく刈れた。恐るべし、岩間式ミラクルパワーブレード。どうやら実力は本物だ。（編）

岩間式 ミラクルパワーブレードとは

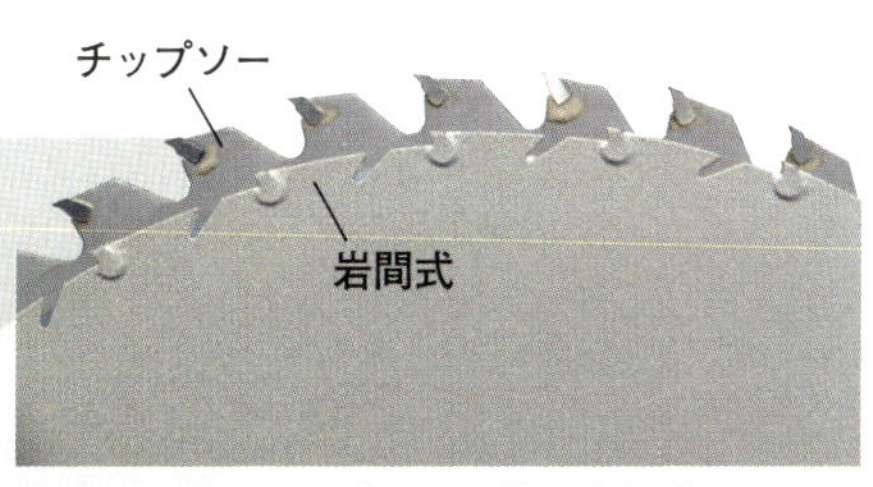

重ねて比較。岩間式はかなり刃が小さい（約2mm）。一般のチップソーは5～8mm

岩手県の農家・岩間勝利さんが考案した刈り刃。

初めてチップソーを使ったとき、「切れない」と感じた岩間さん。問題は、刃のギザギザが大きいうえ、軽量化のために穴がたくさん開けてあって回転抵抗が大きいからではないかと考えた。だから、草に当たると急激に回転数が落ち、軸に草が巻き付く。それを防ぐためにエンジン回転数を目一杯上げて作業する…という悪循環に陥っていると推察。

そこで、一般的なチップソーよりも刃を小さくし、穴も開けない刈り刃を発案。アイデアを日光製作所に持ち込んで生まれたのが、岩間式ミラクルパワーブレードだ。回転抵抗が小さいため低速回転で刈れ、エンジン音と振動が小さく、20～50％燃料代が削減できるのが特徴。

＊2012年7月号「切れる草刈り刃はどこが違うのか」より

岩間式ミラクルパワーブレードは、1枚2000円前後。農協・農機具店・造園用品店・金物店等で販売されている。

青木流 ラクラク草刈り

三重県松阪市・青木恒男さん

「必死で刈ってる人の倍速い」と豪語する青木さんの草刈り。
そのポイントは？

＊ 2011 年 8 月号「青木流ラクラク草刈りの極意を見た」

刈り払い機は、ひたすら前進して使うものと思いがち。でも堤防上面の道路脇など、幅の狭い部分まで前進して刈っていたら 、振る回数ばかり多くて時間もかかるし疲れてしまう（すべて倉持正実撮影）

狭い幅は「カニ歩き刈り」

青木さんは、進行方向に対して横向きで進む。刈り刃を右から左へゆったり大きく振ったら右足を大きく横へ踏み出す順序で、カニ歩きしながら刈る。このほうが疲れないし、スピードは「手押しの草刈り機よりずっと速い」

アゼ上面は「一直線刈り」

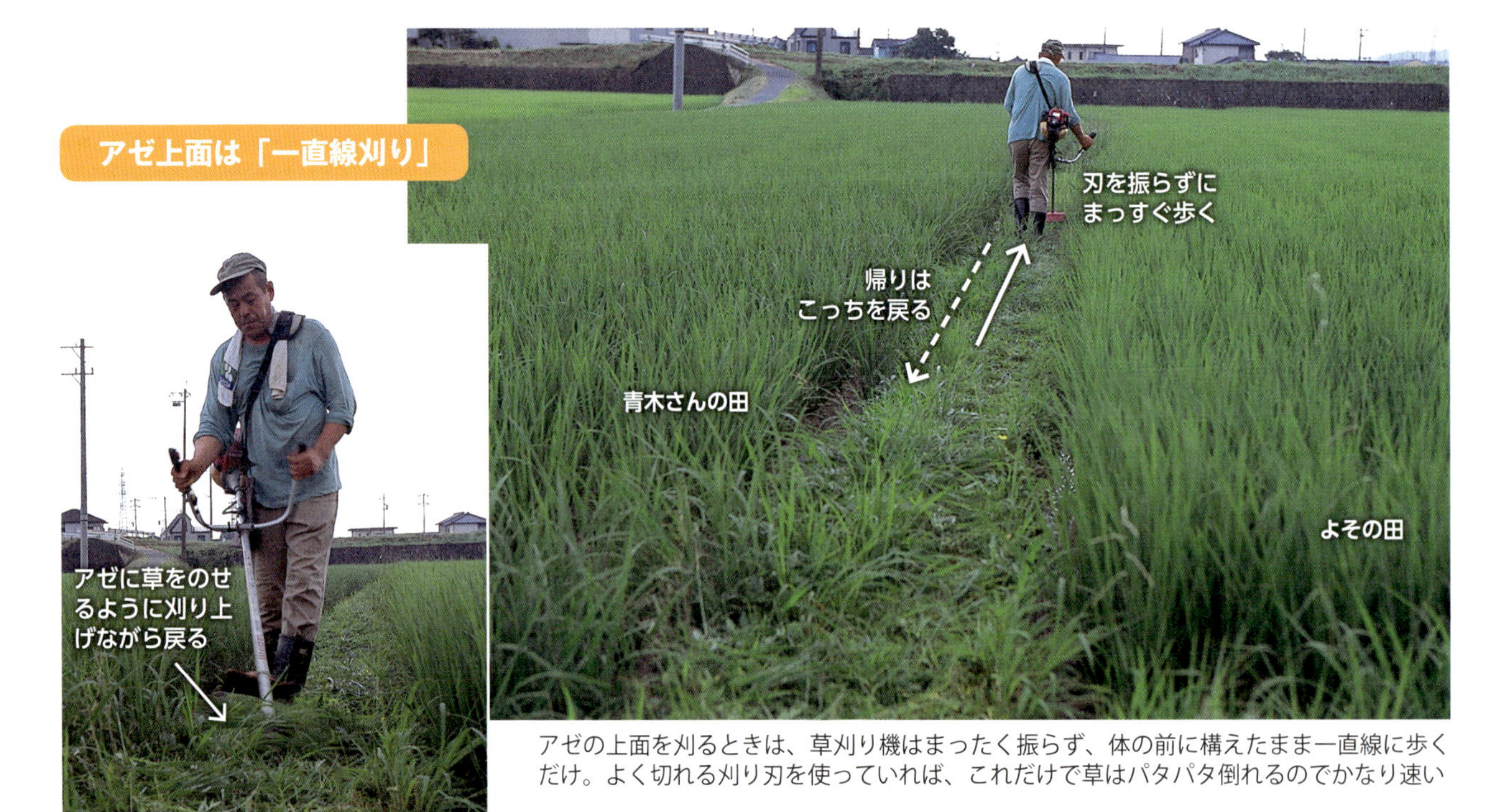

アゼの上面を刈るときは、草刈り機はまったく振らず、体の前に構えたまま一直線に歩くだけ。よく切れる刈り刃を使っていれば、これだけで草はパタパタ倒れるのでかなり速い

斜面を刈り上げながら戻ってくれば、田んぼに刈り草を落とさず、アゼに満遍なくマルチしたような状態に。そのまま放っておけば、次に生えてくる草を抑えることもできる

二枚刃を体験したら、他の刃はもう使えん！

福岡県八女市・大橋鉄雄さん

大橋さんの使う刈り払い機の刃は、よくある丸いチップソーではなく、四角い「二枚刃」。これを使いだしたら、チップソーなんて「せからしかー」（面倒くさい）。仕事が「人の3倍早い」という二枚刃の使いこなし方をご紹介。

＊ 2012 年 1 月号「二枚刃を体験したら他の刃はもう使えん」

チップソーと二枚刃の草を切る範囲の違い

チップソー

進行方向

この部分の草しか刈れない

円の周囲でしか草を刈れない

二枚刃

進行方向

この範囲の草が一気に刈れる

円全体で草を刈ることができる（ある程度使ったあと、二枚刃をひっくり返して装着すると、新しい刃で切ることができる）

二枚刃の刈り払い機を持つ大橋鉄雄さん（二枚刃がよく見えるように撮影するため、飛散物防護カバーは外した。戸倉江里撮影、Tも）

チップソーと二枚刃の草を処理する能力の違い

重いので上下に動かしづらく、地際部で草を刈ることになる。真上から草を押さえつけても、草がフニャっとするだけで切れはしない

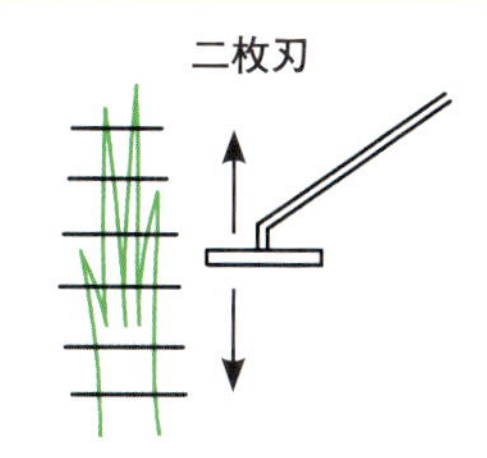

軽いので上下に動かしやすく、草をバラバラに処理できる。真上から草を押さえつけても、粉々にできる

こまめに付け替えて切れ味維持

鋭く研いだ2枚刃をいつも複数枚準備しておき、表と裏を使ったら刃そのものを交換。こまめに付け替え、常に切れ味鋭い状態で使うのが鉄則。連続して2時間以上は使わない（T）

表裏両面研ぐ

研ぐときはディスクグラインダーで。ぐるりと一周、表裏両面研いで、裏返しても使えるようにしておく（T）

DVDでもっとわかる

新品は山用、古いものを田畑用に

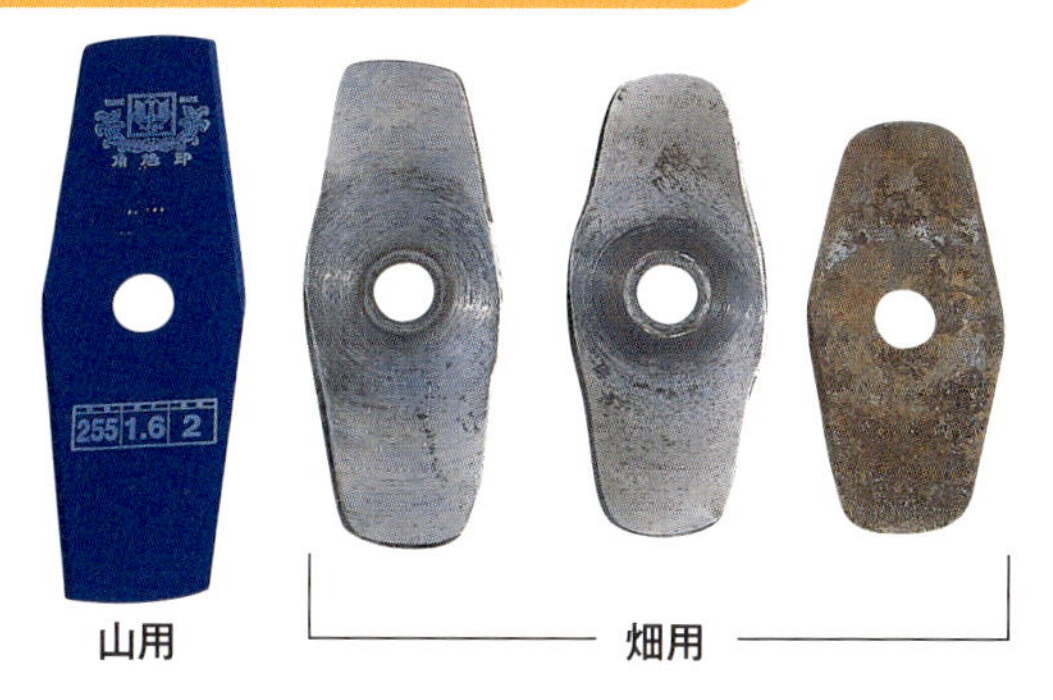

新品に近い状態（角がある）なら、山の下草刈りに使う。角があるおかげで、山の硬い草でも難なく切り刻める。何度も研いで、角が摩耗してきたらアゼや畑用にまわす。角がないので、石をはじき飛ばす心配がなく、地際で草刈りできる

チップソーを研磨して作った笹刃

切れ味最強!?

古いチップソーが笹刃に変身

兵庫・森野英樹

皆さんは「笹刃」という刈り刃をご存じだろうか。この笹刃、チップはついていないが、チップソーよりもはるかによく切れる。草をよく引っかける形状で、ノコギリのような「アサリ」付き。山林作業従事者によく使われていて、直径五㎝程度の小径木などもスパッと切ることができる。だから草などはサッと撫でるだけで切れる。よく切れるから刈り刃に草が巻き付きにくいし、エンジンの回転数も落とせて、機械が長持ち。燃料費も節約できる。刈り払い機を振り回す必要もないから疲れも少ない。刃先の摩耗はチップソーよりはるかに早いのだが、よく切れるので一反の田んぼのアゼ草ならこれ一枚で十分だ。

そこでチップの飛んだチップソーの刈り刃をもらってきて、笹刃に再生することにした。慣れれば笹刃の作成作業は一枚一五分くらい、再目立ては五分ほどだ。

草刈りには、研磨した笹刃を何枚か持って行き、切れ味が少し落ちかけたらすぐに取り替えて使うとよい。刃先の摩耗が少ないと再目立ても容易だ。

再目立ては、刃の付け根の同心円をやや小さくし研磨する。最低五回は再目立てでき、まったくブレを出さずに使える。ちなみに私は一〇回再目立てして使っている。

（兵庫県多可町・そらまめ農場）

＊二〇一二年一月号「古いチップソーが笹刃に変身」

チップソーを笹刃に加工するやり方

チップソーの最も深いところを利用し、笹刃のラインを油性ペンで描く

笹刃の付け根のラインを通るように同心円を描く。ペンは固定、刈り刃のほうを刈り払い機に取り付けた状態で手で回すと正確な円が描ける

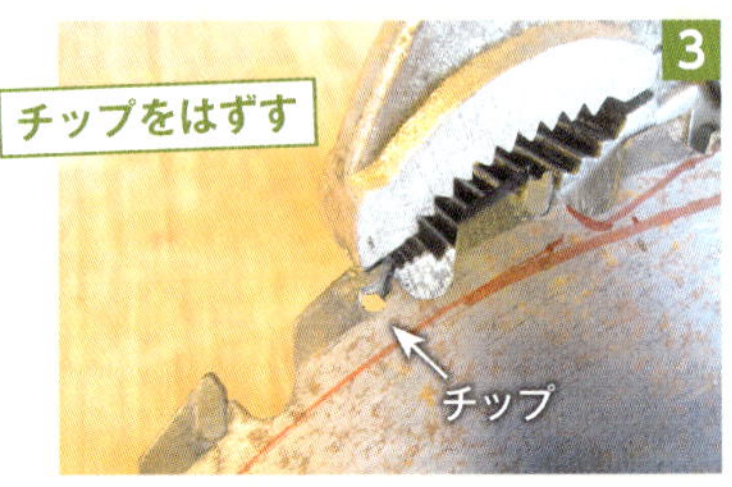

ペンチやバイスプライヤーなどで残っているチップをはずす。はずれない時はグラインダーでチップの回りを少し削ると取れやすくなる

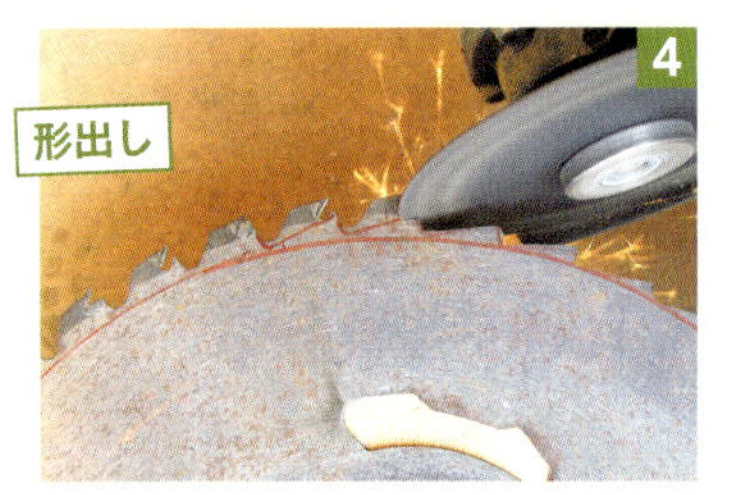

ハンドグラインダーに取り付けた薄手の切断砥石で、刃の先端から円のラインに向かって切り込み、笹刃の形を作っていく。こうすると狂いが少なくブレが出にくい。再目立ての時も同様に

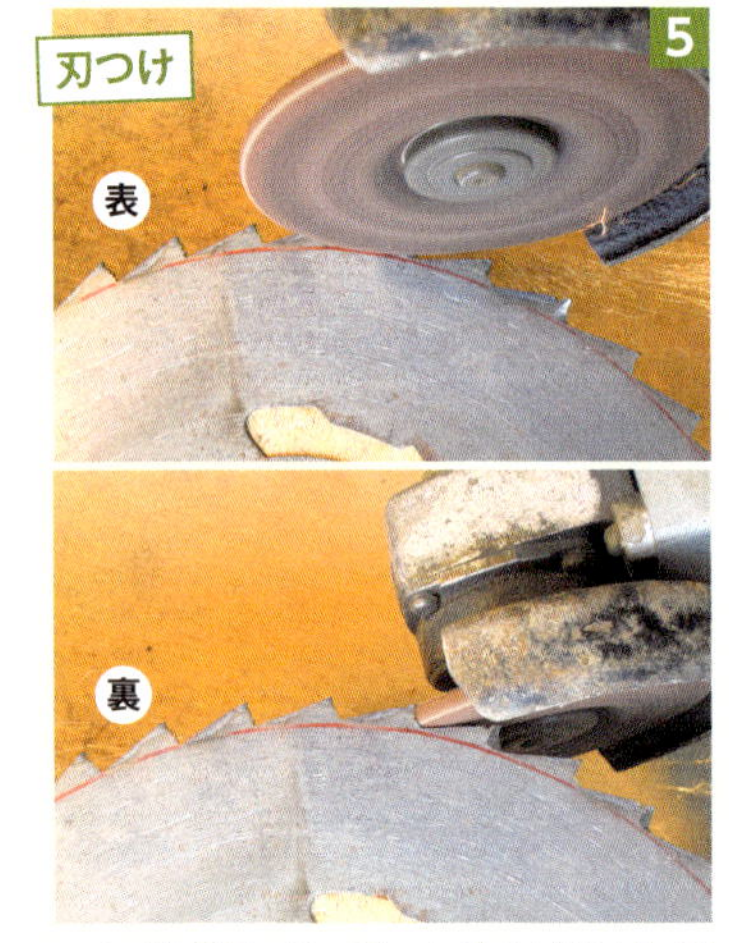

ハンドグラインダーに取り付けた厚手の研磨砥石を軽く当て、表に刃つけ、隣の刃には裏に刃つけ…というふうに表裏交互に刃をつけていく

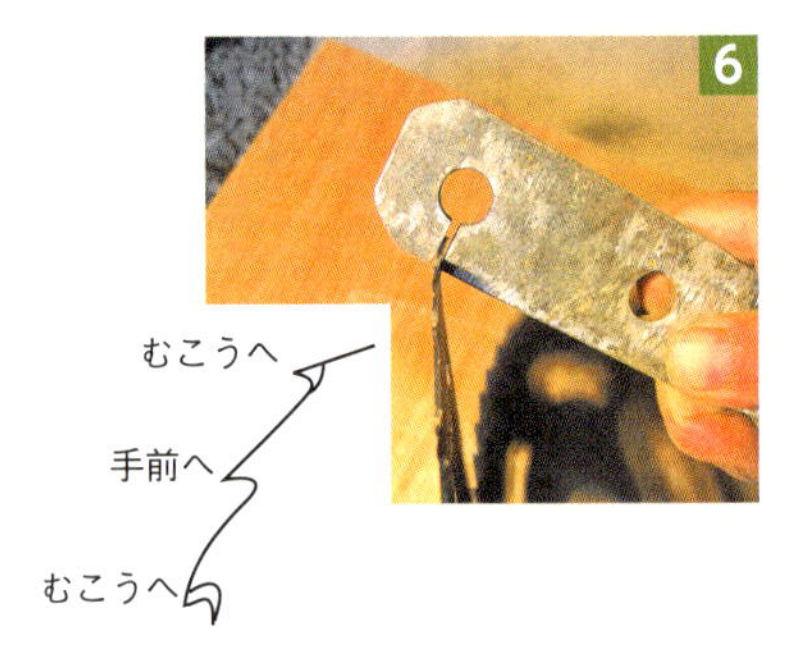

刃をそれぞれ外側（刃をつけた面と反対側）に軽く曲げ、刈り刃の厚み程度の「アサリ」を付ける。アサリがなくてもクマザサやススキ、オオアレチノギク程度なら簡単に刈り払える。棒ヤスリで軽く仕上げるとなおよく切れる

田のアゼ草刈り程度なら、刃つけはすべて同じ側でいい。この場合は刃をつけた面を下向きに刈り払い機に取り付けると、刃先が石などに当たりにくく刃が長持ちする

刃の付け方と焼き入れの手順

●用意するもの●

切れなくなった笹刃／グラインダー／丸ヤスリ（7㎜）／廃油（エンジンオイル）／コンパス（釘２本を約30㎝のヒモで結んでつくる）／ガスバーナー／空き缶

板の上に刃を置いて中心を出し（板に印を付ける）、刃先にカラースプレーを塗る

スプレーが乾かないうちに、新しい刃を出すところまでコンパスで円を描く

円の線までグラインダーで刃を削り出してから、丸ヤスリをかけて刃先を鋭く研ぎ立てる

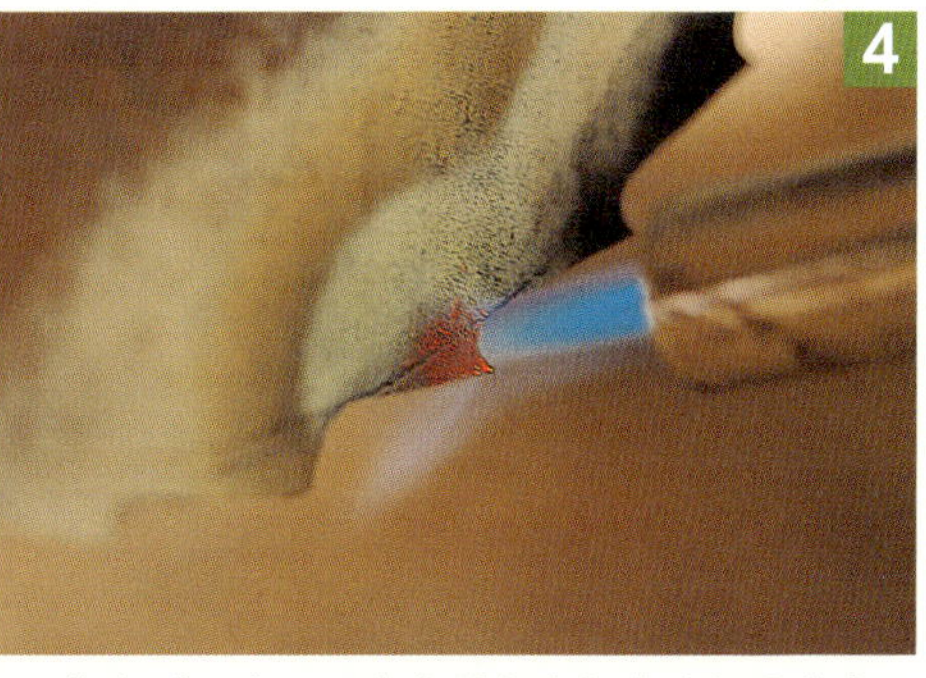

刃先をバーナーで赤よりも少し白くなるくらいまで焼き、すぐに廃油に浸ける（パチパチという音がしなくなるまで）。この作業を刃の数だけ繰り返して完了

※再び刃を研ぎ直すときは、焼き戻し（バーナーで熱してから常温で冷ます）をして刃先を軟らかくしてから丸ヤスリで研ぐ

驚きの長切れ効果

焼き入れで笹刃を強化

宮崎・渡邉正司

筆者（すべて赤松富仁撮影）

山の下刈りや田んぼのアゼ草刈りをするとき、刃が新しいうちはある程度長く切れるけれど、使い込むにしたがって切れなくなり、ちょこちょこ研がなくてはならないのが面倒でした。何か長切れする方法がないかなと思っていたとき、伯父から焼き入れを習ったことを思い出しました。手順は上のとおり。

刃先を鋭く研いで焼き入れした笹刃は硬く、切れること切れること。しかも長持ち。二〇年ほど耕作放棄していた二反近い畑が、一日五時間ずつ一〇日ほどの作業できれいになりました。この間、二枚の刃を三回ずつ研ぎ直したくらいです。高さ三〜四mもある笹竹がスパスパ切れます。日本刀で切っていくような感触さえありました。おかげで作業が楽しくなりました。

（宮崎県五ヶ瀬町）

＊二〇一三年七月号「焼き入れで笹刃を強化」

鍛冶屋さんに聞いた

刃物とハガネの話

佐賀県嬉野市・金田哲郎さん

刃物のプロといえば鍛冶屋さん。佐賀県嬉野市の鍛冶職人、金田哲郎さんに刃物の素材やつくり方についてお話を伺った。

金田鋸店は、金田哲郎さんで三代目。今日も高熱で真っ赤になった鉄をハンマーで打ち、刃物をつくる。現在は家庭用の包丁やナイフのほか、農業・林業で使う鎌や鉈などもつくる。世の中に一品しかない刃物を求めて、こだわりの料理人やナイフマニアも訪ねてくるそうだ。

金田哲郎さん。ベルトハンマーで両面を打ち付け、鉄（鋼）を鍛える

切れ味と刃もちを両立した日本式刃物の知恵

工場に案内していただくと、暖炉のようにも見える赤い煉瓦を積んだ窯があった。

「では、これから鎌をつくります」

そう言いながら、金田さんは細長い鉄の板を手に取った。素人目にはただの鉄の板にしか見えないが、じつは二種類の鉄を貼り合わせてある。軟鉄の地金の間に鋼を割り込んであるという。

日本刀に代表されるように、日本の伝統的な刃物は、硬い鋼と軟らかい鉄（軟鉄）を貼り合わせることで、刃の切れ味と、折れたり曲がったりしにくい強靭性とを両立してきた。鉄を熱し、ハンマーで繰り返し叩いてつくる鍛造刃物は外国にもあるが、材料は鋼単体だ。

刃そのものは、硬い鋼を薄く鋭く研ぐことで切れ味を増す。しかし硬いだけでは、強い衝撃を受けたときに刃こぼれしやすい。その欠点を軟鉄と組み合わせることで補っているのだ。

「包丁を鉛筆にたとえれば、鋼が芯、それを包んで守る木の役割をしているのが軟鉄です」と金田さん。ちなみに日本刀の場合は、外側が鋼で、中に軟らかい軟鉄が芯として入っているという。

鋼は打つことで鍛えられる

さて、いよいよ鎌の鍛造。鋼と軟鉄の複合材をハンマーで打ちながら鎌の形にする。

金田さんが窯にマツの炭を入れ、火を付けてふいごを操作すると、ほんの数分で黒い炭は真っ赤に熾きた。同じように真っ赤になった先ほどの鉄を窯から引き出し、金床に置く。手持ちのハンマーで鉄の板の両面を、柄に差す部分を、刃の峰になる部分を、何回か叩くだけで赤い鉄はもう鎌らしい形になっていた。

そこからは、ふたたび鉄を火に入れて赤くする。手持ちのハンマーで叩いて形を整える。火に入れる。ベルトハンマーで両面を激しく打ちつけて鉄を薄く延ばす。火に入れる……という作業の繰り返し。その間、わずか一〇分足らず。細長い板は見事な鎌の形に変身しており、金田鋸店の登録商標を刻印して鍛造作業終了。

ことわざに言うとおり、鉄（鋼）は熱いうちに打つことで鍛えられる。金田さんによると、鋼を鍛えるには加熱する窯の火も重要だ。マツの炭（もっといいのはクリの樹の炭らしいが）で真っ赤に焼いた鋼をハンマーで繰り返し打ち付けることで、鋼の密度が高まり鍛えられる。後述するように、鋼の硬い性質は鉄の中に含まれる炭素によるところが大きい。マツの炭の炭素は鋼に吸収されるが、それを石炭や重油でやると「脱炭」といって鋼から炭素が脱けてしまうといわれているそうだ。

焼き入れで硬く、焼き戻しで切れ味を引き出す

その後は刃を付ける作業。グラインダーで刃にする部分の両面を削ることで、軟鉄の下から鋼が現われた。さらに水砥石で研いで刃ができると、焼き入れ、焼き戻し。

焼き入れは、八〇〇〜八五〇度に加熱した刃（刃の色で判断、「満月の色」にする）を水に入れて急冷することで、鋼の硬度を増すための作業。しかし、このままでは鋼の表面が硬すぎるので、ふたたびちょっとだけ熱を加えて（鉄の色がやや黄色っぽく見えるくらい）自然に冷ます。これが焼き戻し。これでようやく鋼本来の切れ味が発揮されるという。

最後に、水砥石で仕上げて完成。かかった時間は三〇分ほどだろうか。

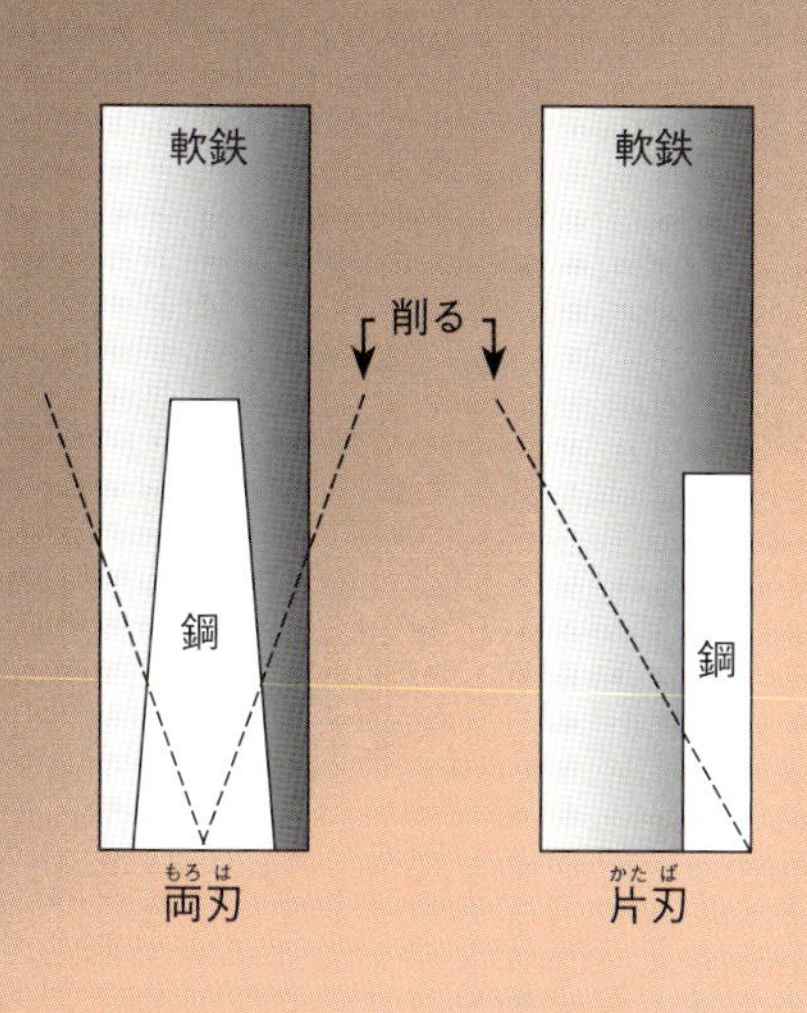

日本式刃物の鍛接の仕方と刃の付け方（断面図）

記事中で金田さんが鎌や包丁にした材料は、あらかじめ左のような複合材になっていた（金田さんがつくる鎌は両刃）

鉄を加熱する窯。左手で操作しているのが窯に風を送るふいご

鉄鋼製品ができるまで

〔製　鉄〕

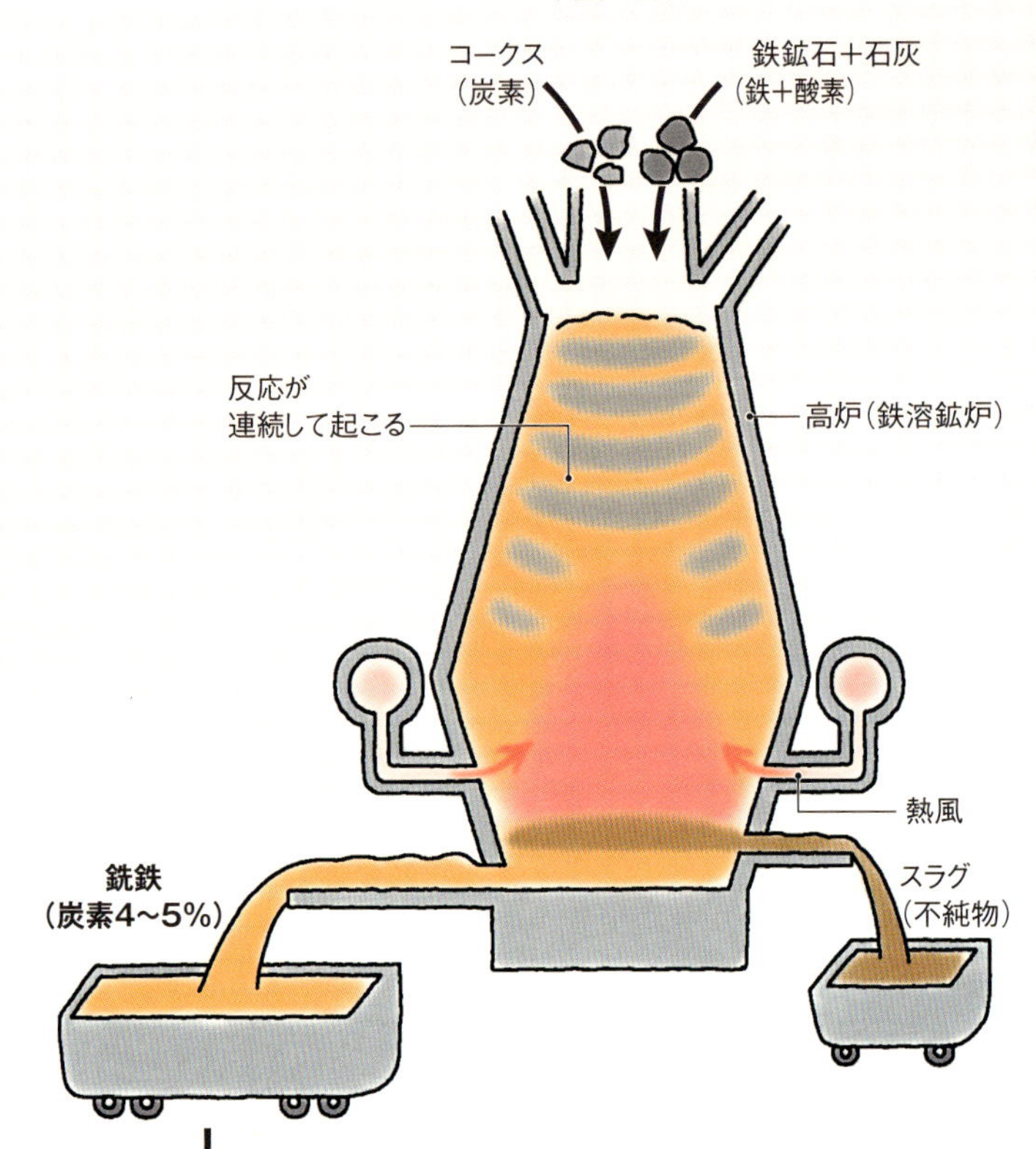

鉄の原料である鉄鉱石（あるいは砂鉄）は、酸素と化合した酸化鉄として存在。これに酸素と結合しやすい炭素（コークス）、その他の不純物と結びつく石灰を加え、熱風を送って1500度以上の高温にして鉄と酸素を分離。銑鉄にする。近代的な製鉄法ではこれを「高炉」で行なう。

〔製　鋼〕

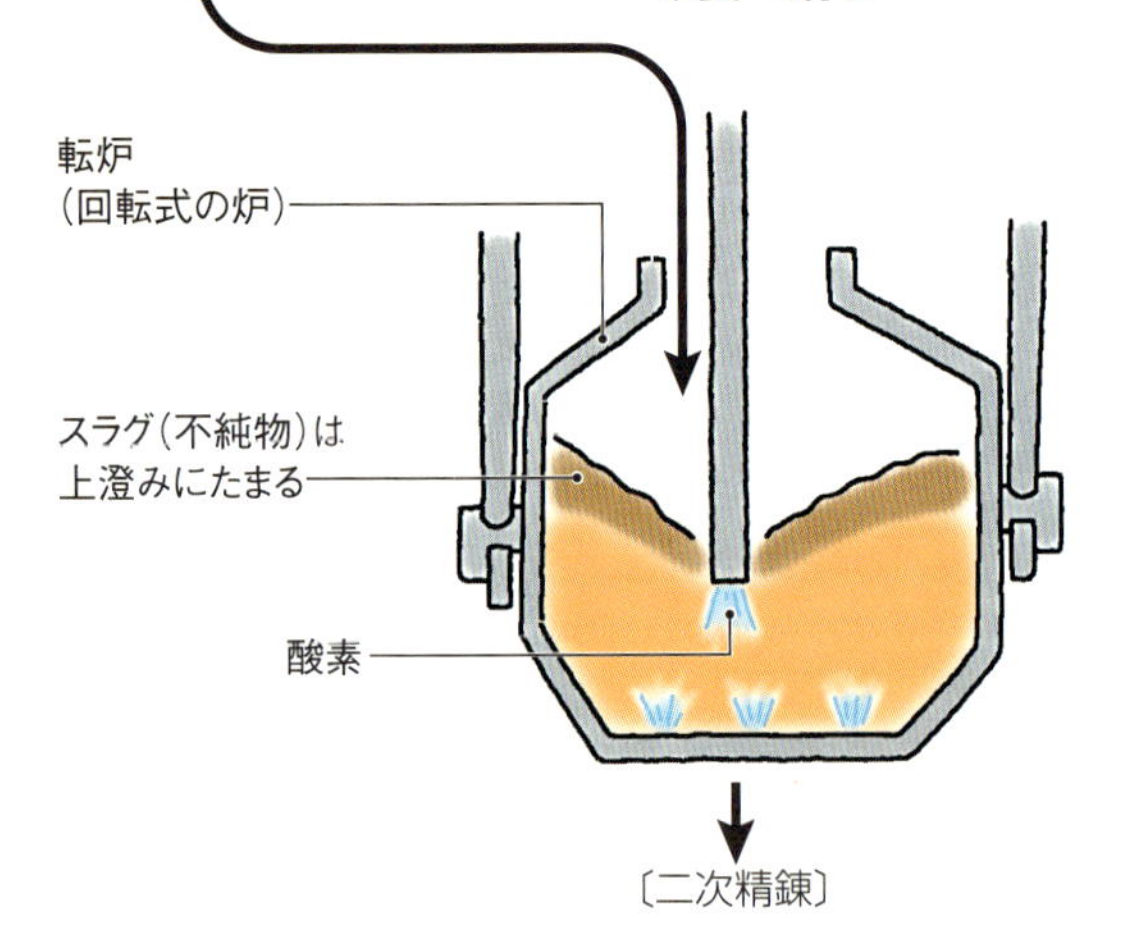

〔二次精錬〕

鋼（酸素0.3〜2%）
軟鉄（炭素0.3%未満）
ステンレス（クロム10.5%以上）

銑鉄には、加えた炭素が４〜５％溶け込む。このままでは硬いけれどもろく、質の劣る鋳物にしか使えない。そこで、「転炉」に移して銑鉄に高圧の酸素を吹き込み、炭素やその他の不純物（ケイ素・リン・硫黄など）と酸化反応させて減らす。
さらに別の炉で成分の微調整をすることで、鋼や軟鉄、ステンレスなどの鉄鋼製品に仕上げていく。

鋼と軟鉄はどこが違う?

ところで鋼と軟鉄、四ページにもあるように、鉄に含まれている炭素の量によって分類されるようだ。

製鉄の工程を概略化すると右図のようになる。炭素含有量が〇・三〜二・〇%が鋼。それ以下は軟鉄または鍛鉄と呼ばれ、名前のとおり軟らかく、焼き入れしても硬化しない。いっぽう、炭素のほかにクロム（一〇・五%以上）などを加えたものがステンレスで、さびにくく耐摩耗性に優れている。

鎌の鋼は包丁の鋼より軟らかい

金田さんは、大きく分けると四種類の鋼（複合材）を使って刃物をつくるそうだ。一つは、山林・農業用の鎌などをつくるのに使う「白紙」。二つ目は包丁・ナイフ用の「青紙」。そして、パン切りナイフなどに使うステンレスと、一代目が残してくれた成分などの詳細は不明の鋼の四つだ。詳細不明の鋼は戦前から使ってきたもので、小さいのでナイフをつくるときに使っている。

家庭用の包丁。鋼は青紙

鎌の鋼は白紙を使う。金田さんのつくる鎌は両刃

白紙・青紙というのは、かつてのたたら製鉄の伝統を引き継ぐ日立金属安来工場（島根県）でつくられる刃物用鋼の銘柄だ。白紙・青紙とも何種類かあるようだが、金田さんが使う白紙は、青紙より炭素量が少なくて軟らかい。鎌などの農林業用刃物は作業中に硬い石などに刃が当たるので、刃こぼれしにくいように包丁用より少し軟らかい鋼が適しているそうだ。といっても、両者の炭素量の違いは〇・一〜〇・二％というわずかなもの。逆にいえば鋼の硬さというのは、炭素がたったそれだけ違うと変わるものなのだ。なお青紙は、クロムやタングステンも少量加えることで強靭性や焼き入れ性、耐摩耗性も高めているそうだ。

ステンレスはハマグリ形に研ぐ

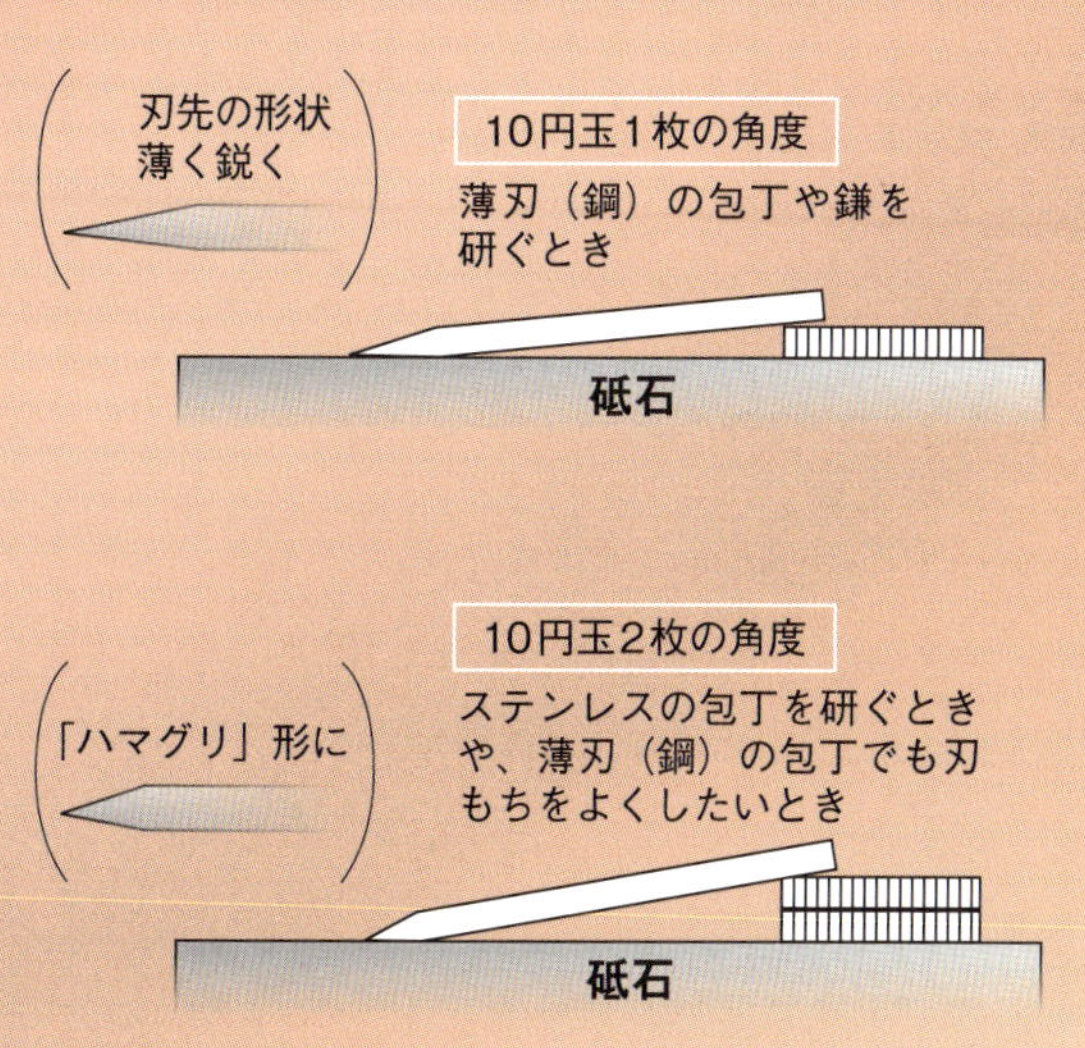

ステンレスは鋼にかなわない

家庭で使われる最近の包丁はステンレス製ばかりになった。さびないステンレス製を好む人が増えたので金田さんもつくるが、いくら製鋼技術が進歩しても、切れ味の点では今もステンレスは鋼にかなわないという。

「ステンレスは摩擦力には強いが衝撃には弱いんです。だから、切れ味よりも刃もちを考えて『ハマグリ』に研がないとならない」

「ハマグリ」というのは刃先の断面の形状を表わしている。硬い鋼は鋭角に研ぐことで切れ味を増すことができるが、ステンレスは鋼より軟らかいので、ハマグリの殻が合わさったようにやや鈍角に研がないと刃先が曲がりやすいというのだ。ステンレスは研いでもすぐ切れ味が鈍るといわれるのも、衝撃に弱いことが関係しているらしい。さらに摩擦に強い分、研ぐのに時間がかかるという欠点もある。

「都会の方は刃物がさびるのを嫌いますが、さびる刃物のほうがよく切れる。それは間違いないです」

鋼と軟鉄を組み合わせた日本の刃物には、鋼だけの刃物より研ぎやすいという利点もある。金田さんには研ぎ方も教えてもらった（五〇ページ）。研いでいる最中は、刃のどこが砥石に当たっているのか、研げているのか、見ることができない。それを「手の具合で感じることができるようになれば一人前」だそうだ。

＊二〇一二年一月号「刃物とハガネの話」

研ぎ方・目立て

鍬も鎌も研ぐ、長く使う

福岡県八女市・大橋鉄雄さん

鍬や鎌も切れ味が命

「やっぱり鍬は切れ味いいのが最高。使い勝手がいい」と大橋鉄雄さん。ザクザクと小気味よい音を立て、雑草を株際で削っていく。

無農薬無化学肥料でお茶とイネをつくる大橋さんにとって、一番大変な仕事が雑草対策。さまざまな鍬や鎌などを使って立ち向かう。市販の平鍬に自作の三角鍬、長い柄を付けたノコギリ鎌などなど。これらすべてを大橋さんは自分で研ぎ、切れ味鋭い状態を保って長く使っている。

農具も刃物。とくに雑草対策に使う鍬や鎌は、切れ味が重要だ。「作業性がまったく違う。切れなかったら、刃に草が巻きつくやんね」。それに、株際で切れずに根っこごと引き抜いてしまった草は、ひと雨で根付いて復活することだってある。

鍬や鎌を長く快適に使い続けるための手入れの仕方を見せてもらった。

DVDでもっとわかる

金属研削用ディスク（粒度120）を付けたディスクグラインダーで平鍬の刃先を削る。なるべく短時間で済ませる（すべて戸倉江里撮影）

鍬　磨り減った角度に合わせて削る

まずは平鍬。雑草を削りつつ土寄せしたり、アゼ塗りに使ったりする平らな鍬だ。たいていの農具は、ディスクグラインダーさえあれば誰でも研げる。鍬もしかり。コツは、ディスクを当てて削る角度と時間。

鍬を研ぐ場合、削る角度を鋭くしすぎてもいけない。常に硬い土や石に当たる鍬の刃は、鋭くするほど欠けたり磨り減るのも早くなるからだ。そこで大橋さんは、まず研ぐ前の刃先の角度を見る。使っているうちに磨り減ったその角度に合わせて削れば、耐久性を維持しつつ、切れ味は復活するというわけだ。

角度を決めたら、ためらわずにサッと短時間で削る。慎重に時間をかけすぎると摩擦熱が上がり、「かえってナマクラになる」。鍬や鎌の刃先に使われている鋼は、高温で加熱すると硬さや粘りなどの性質が変わり、かえって切れにくくなったり脆くなってしまうことがあるからだ。

ちなみに三本鍬など、おもに耕すために使う刃の厚い鍬は、刃が欠けたとき以外は大橋さんも研がない。研ぐのは、平鍬や三角鍬など、常に鋭い切れ味が求められる草削り用の刃の薄い鍬だけだ。

ノコギリ鎌

目立てでギザギザ復活

数百円で買えるノコギリ鎌（ノコ鎌）でさえ、大橋さんはめったに買い替えない。古い鎌にも長い柄を付け、おもに茶園の下草刈りに使う（二一ページ）。土や石ごと雑草をガリガリ削るから、刃はすぐボロボロになる。でも、目立てして刃のギザギザを復活させてやれば、何度でも切れ味は復活する。

ディスクグラインダーに薄いダイヤモンドシャープナーを付け、ノコの刻みひとつひとつを削って目立て。最後に刻みのない裏側をザッと削って均せば、鋭いギザギザが蘇る。

よく研いだ平鍬で雑草を削る。株際からサクッと削れる

この角度

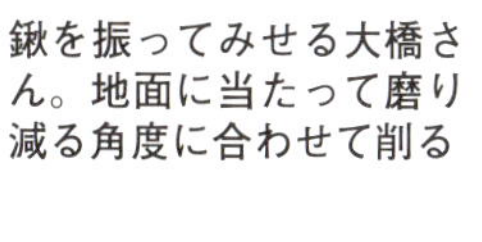

鍬を振ってみせる大橋さん。地面に当たって磨り減る角度に合わせて削る

ノコ鎌の目立て。ダイヤモンドシャープナーで刻みひとつひとつを削る

ギザギザが復活したノコ鎌

ただしノコ鎌研ぎも、摩擦熱には注意。目立てのときはグラインダーの回転数を手元がブレない程度に落として熱の上昇を抑制。仕上げに裏側を削るのも、なるべく短時間で済ませる。

「農家の思いとしては、次の世代に口で言わなくても伝わってほしいことはいっぱいあるとですよね。そのためには、いつから使ってるかわからんほど使い込んだ農具、これがやっぱ一番かな」

ものを大事にする心、それがひいては田畑や地域、地球を大事にする心にも通じるはず――

そんな思いを胸に、今日も大橋さんは鍬や鎌を研ぐ。

刃物の研ぎ方

佐賀県嬉野市・金田哲郎さん

刃物のプロ、鍛冶屋の金田哲郎さんに研ぎ方の基本も教えてもらった。
一番大事なことは、砥石に当てる刃の角度を一定に保つこと。どのくらいの角度が適しているかは刃物の種類や用途による。なお、砥石はあらかじめ水で十分に湿らせておく（バケツなどに水を張って浸けておく）。

1 構えと動かし方

右利きなら右手で柄を持ち、左手は、人差し指から薬指までの２本か３本で刃を支える。包丁の先（左手側）を斜めに前へ出したほうが研ぎやすい。最初に決めた角度を保ったまま刃を往復させて研ぐ。一度に刃全体を研ぐことはできないので、先のほう→真ん中→元のほうという具合に順番に研いでいく

横から見ると…

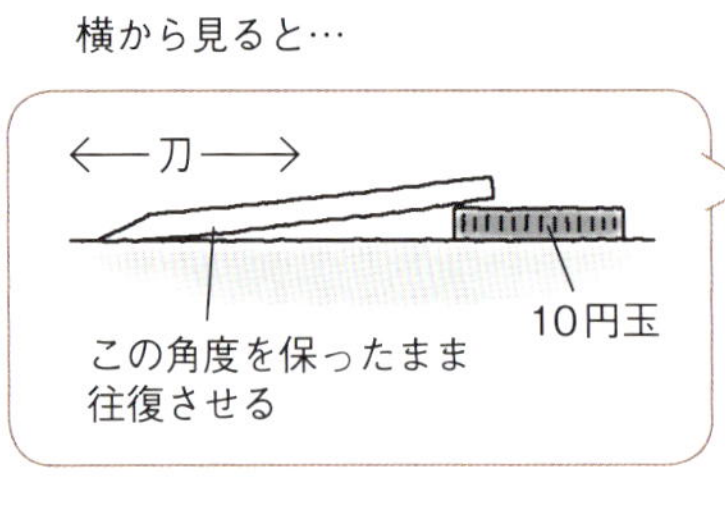

先
元
左手
右手

2 刃の角度

薄刃の菜切り包丁や鎌で切れ味を求めるなら、刃の峰（矢印）に10円玉が１枚挟まるくらいまで低く倒して研ぐ。菜切り包丁で魚の骨も切りたいと思えば、切れ味は劣るが、10円玉２枚分の角度で研いだほうが刃こぼれしにくくなる。ステンレスの包丁も10円玉２枚で（47ページも参照）。

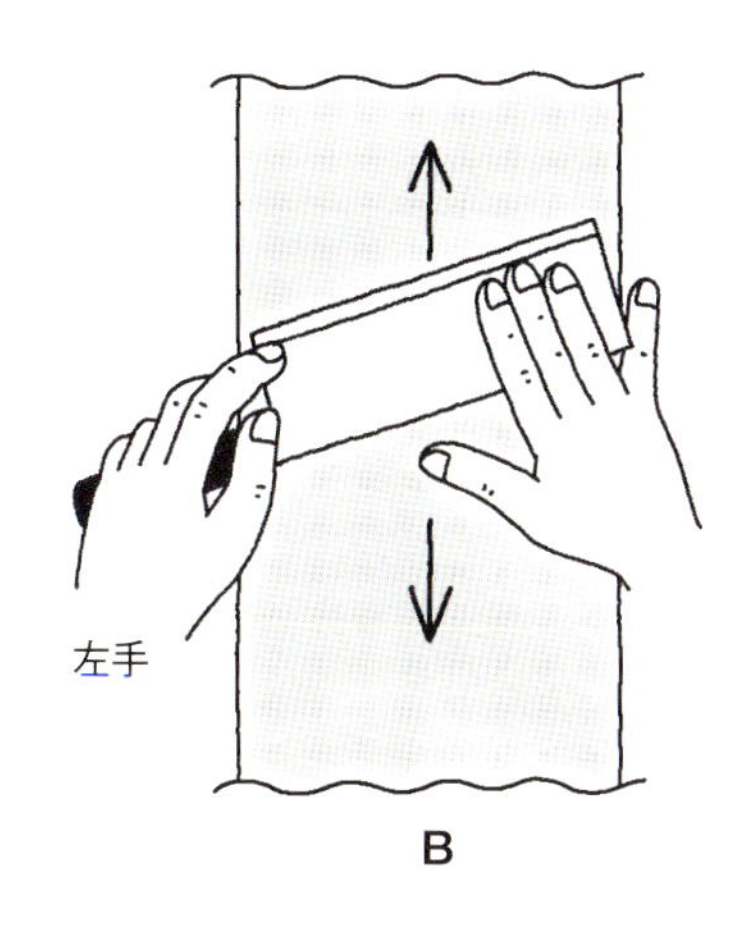

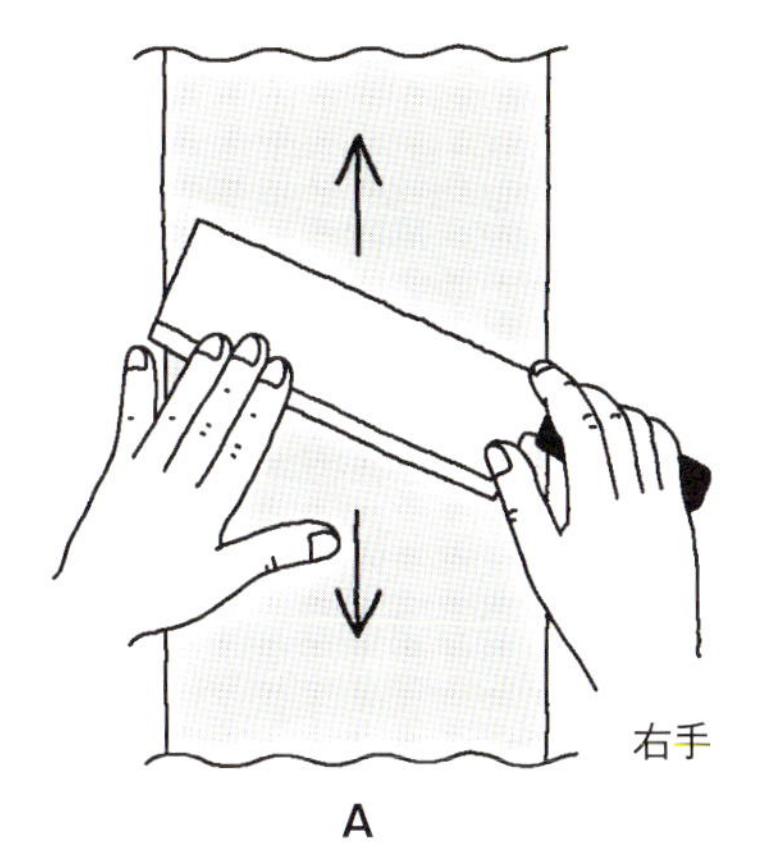

3 反対側

両刃の包丁や鎌は、裏返して反対側の面も同じように研ぐ（A）。左手も利く人なら図のBのように持ってもよい。

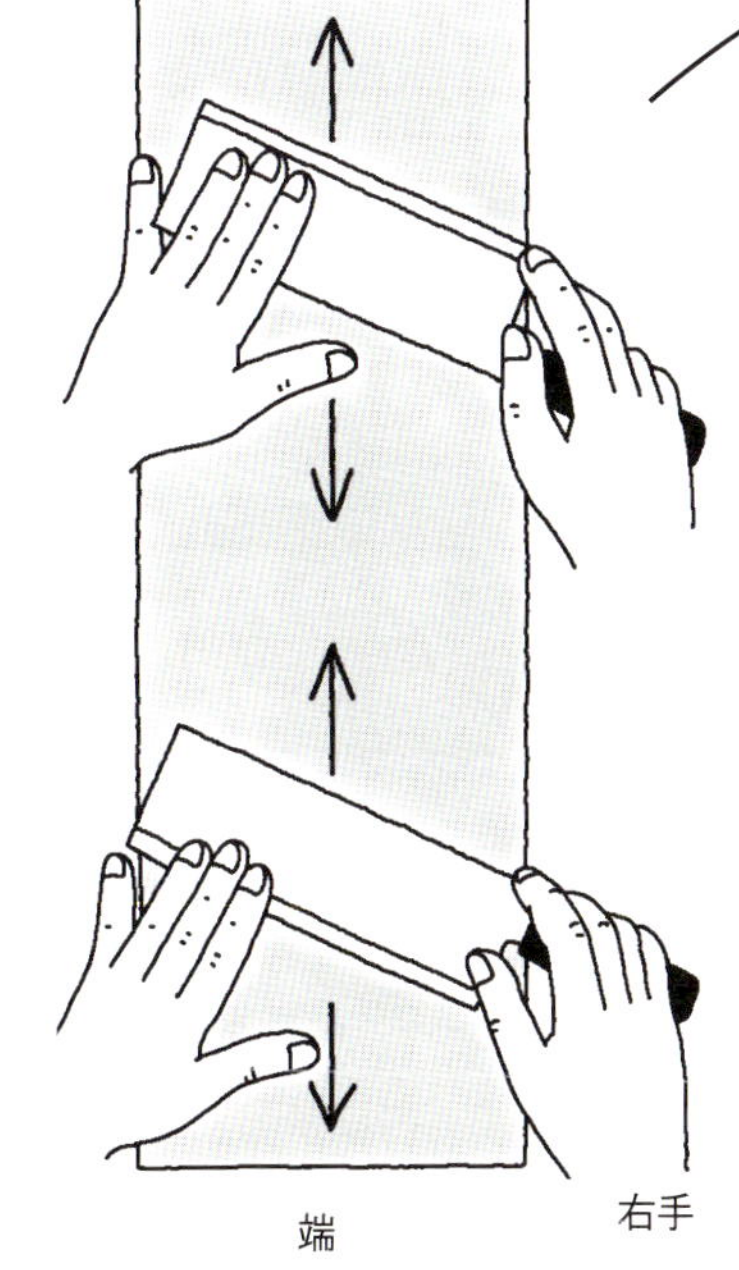

4 砥石の端も使う

砥石は平らでないとうまく研げない。中央だけが凹まないよう、両端も使って研ぐ。

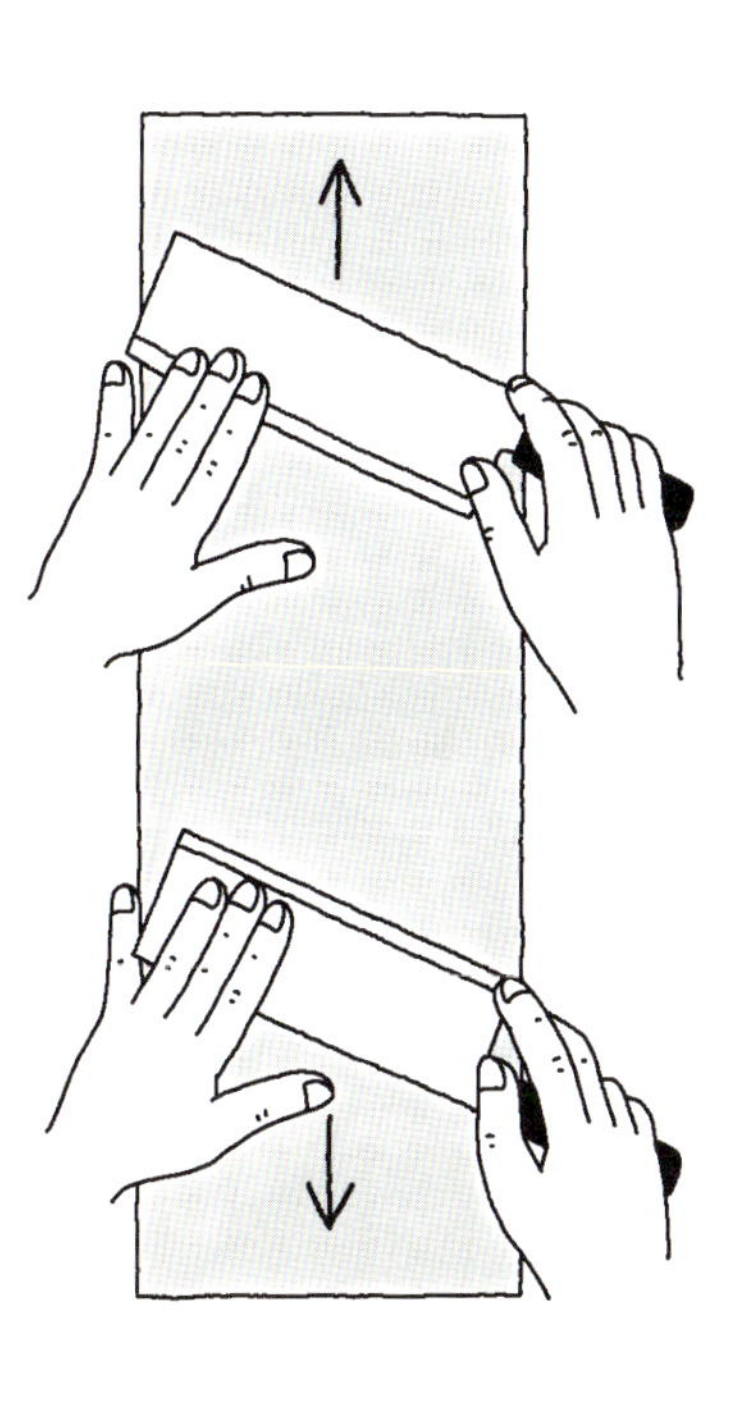

5 仕上げは引き研ぎ

本来、刃は引くようにして研いだほうがよいので、研ぎを終える最後のほうは引き研ぎで。

金田哲郎さん

自分の鎌や包丁を定期的に研ぐときは、中砥石（キング砥石、天草産天然砥石など）で研いでいればいい。ただし、小さい刃こぼれがあるときはまず荒砥石で研いでから中砥石で研ぐ。一方、金田さんがお客さんから刃研ぎを頼まれるときは、中砥石で研いだ後に、さらに仕上げ砥石（京都産の天然仕上げ砥石）で仕上げる。すると切れ味がいっそう増すそうだ。

大きな刃こぼれができたり、刃が鈍角になってくると機械で研ぐ必要がある。金田さんのような刃研ぎを引き受けるプロに頼んだほうがよい。

砥石のいろいろ

荒砥・中砥は人造砥石が普及

砥石で刃物を研ぐときの基本は、目の粗いほうから細かいほうに、荒（粗）砥↓中砥↓仕上げ砥の順番で。ただ、前ページの金田さんがいうように、切れやんだ（切れなくなった）包丁やハサミをふだん研ぐときは、中砥で研いでいればほぼ用は足りるようだ。荒砥は、刃こぼれがあったり、刃先の角度が鈍角になってきて、それを鋭角に研ぎ直すときに使う。

天然の砥石は、荒砥は砂岩、中砥は凝灰岩や粘板岩など、仕上げ砥は粘板岩から作られてきた。荒砥と中砥の産地は全国に分布しており、熊本の天草砥石や京都・丹波の青砥などの中砥は、現在もよく使われている。

しかし荒砥と中砥は人造砥石が広く普及しており、ホームセンターなどでよく売られている。人造砥石は、セラミックなどの研磨粒を接着剤で固めて作るそうだ。また最近は、研磨力が非常に優れ、研ぐときに水が必要ないダイヤモンド砥石も普及してきた。

仕上げ砥にも人造砥石はあるが、天然仕上げ砥石が生み出す切れ味にはかなわないといわれている。

世界で唯一、天然仕上げ砥石

天然仕上げ砥石の産地は京都にある。荒砥や中砥は全国各地で採れるが、仕上げ砥が採れるのは京都だけだ。京都市北西部の高雄から亀岡市西部に至る三〇㎞ほどの地帯は、はるか二億五〇〇〇万年前の昔、赤道付近の太平洋の海底に火山灰や放散虫（海中プランクトンの一種）の遺骸が降り積もってできた層だという。それが海洋プレートの移動によって、年に数㎝ずつはるばる数千㎞を北上し、京都の位置で隆起したというのだ。

「八〇〇年前の鎌倉時代に高雄で見つかって、刀剣を研ぐのに使われたのが始まりだったそうです。こんな砥石が採れる山は、世界でここにしかない。正確には、地球の反対側のアルゼンチンのあたりでも採れる可能性はあるそうですが……」

そう話すのは、明治十年創業、京都産天然砥石を採掘・販売する「砥取屋」（京都府亀岡市）主人の土橋要造さん。家庭で使う菜切り包丁のような刃物なら、荒砥と中砥で研げば十分使えるが、それをさらに土橋さんの仕上げ砥石で研ぐと「次元の違う切れ味」が出るそうだ。ステンレス製の包丁でも同様とのこと。

人造砥石にも、粒度が八〇〇とか一万と

かいう目の細かい砥石はある（荒砥の粒度は二〇〇とか三〇〇、中砥は一〇〇〇とか二〇〇〇くらい）。だが京都産天然砥石は、粒子の細かさだけでなく、おもな粒子である石英の形やその混ざり具合などが要因となって、優れた切れ味を生み出すそうだ。しかも「長切れがする」（切れ味が長持ちする）。日本刀のような優れた刃物が生まれたのも、この素晴らしい天然仕上げ砥石があったからだという。

研ぎ汁を潰すように研ぐ

土橋さんにも刃物を研ぐコツを聞いてみた。いい砥石で研ぐと、刃物と砥石の両方が適度に削られていくそうだ。それが砥石の上で研ぎ汁になる。その研ぎ汁を刃物で細かく潰すつもりで研ぐ。砥石そのものだけでなく、研ぎ汁も研ぐのに役立っているのだ。そして、刃が砥石の上でよく滑らなくなってきたら少量ずつ水を足していく。

油砥石とは

いっぽう、日本と違って水が豊富でないアメリカなどでは、水の代わりに油を加えて研ぐ油砥石が発達した。水を加えて研ぐ日本の砥石と比べて一般に硬く、砥石自体はなかなか減らない。だが砥石は、硬いほど研磨する力が強いわけではない。先ほどの土橋さんの説明のように、削られた砥石の粒子が、刃物と砥石の間でこすられることで研磨力が増すのだ。

油砥石は、五八ページの岩本治さんが使うような細長い棒状のものもある。刃物ではなく砥石を手に持って使えるので、水砥石ではうまく研磨できない場所を研いだり磨いたりするのに使われることが多いようだ。

ディスクグラインダー用砥石

農家が研いだり磨いたりする用途でよく使う道具にはディスクグラインダーもある。電動モーターで回転する円盤に、いろいろな種類の砥石・研磨材などを取り付け、金属や木材、ブロック・レンガなどを研磨したり切断したりできる。最近は一万円を切る価格で手に入るものも出てきた。

ディスクグラインダーは、刈り払い機の刃を研ぐには必須の道具だ。チップソーを研ぐときはダイヤモンド砥石がよく使われるが、ノリタケの青いグラインダー砥石（GC1-120H）のほうが経済的というのは、宮崎県の飯干福重さん。価格は二〇〇〇円弱でチップソーを二五回（枚）は研げるそうだ。

＊二〇一二年一月号「砥石のいろいろ」

草刈り中にも
サッと研げる

サトちゃん流 簡単鎌研ぎ

福島県北塩原村・佐藤次幸さん

鎌をガッチリ固定できる
3点固定

① 足で柄の尻を踏み、② 手のひらで刃の付け根を、
③ 薬指と小指の腹で刃先を支える３点固定をすれば、
どんな場所でも鎌が揺れず、安定して研げる

作業名人・サトちゃんこと佐藤次幸さんも「鎌でラクに草刈りする最大のコツは、切れ味をよくすること」という。草刈りの合間にも休憩がてらちょいちょい砥石で鎌を研ぎ、常に最高の切れ味を保って草を刈る。

小さな携帯用砥石ひとつあれば、どんな場所でも簡単に失敗せずできる鎌の研ぎ方を教えていただいた。 編

＊二〇一四年四月号「鎌を研ぐ２つのコツ」

作業名人・サトちゃんこと佐藤次幸さん

砥石の角度がビシッと決まる 2点基準

サトちゃんが使っているのは、刃がやや湾曲した片刃の草刈り鎌。砥石をどう当てたらいいか迷いそうだが、心配無用。砥石は、鎌の峰（①）に軽く触れる程度の角度で刃先に当てればいい。そして、常にその角度が維持できているかを、刃先に当てた指の腹（②）で感じながらカエシが出るまで研ぐ

裏側は砥石を水平方向に１往復させるだけ。カエシを軽く均す感じ

ご覧の通り、見違えるような輝きに。荒砥、仕上げ砥の２つを使って同様に研げば、さらに切れ味よく仕上がる

サビだらけだった鎌も…

切れ味いいハサミ 研いで2倍以上長持ち

高知・桐島正一

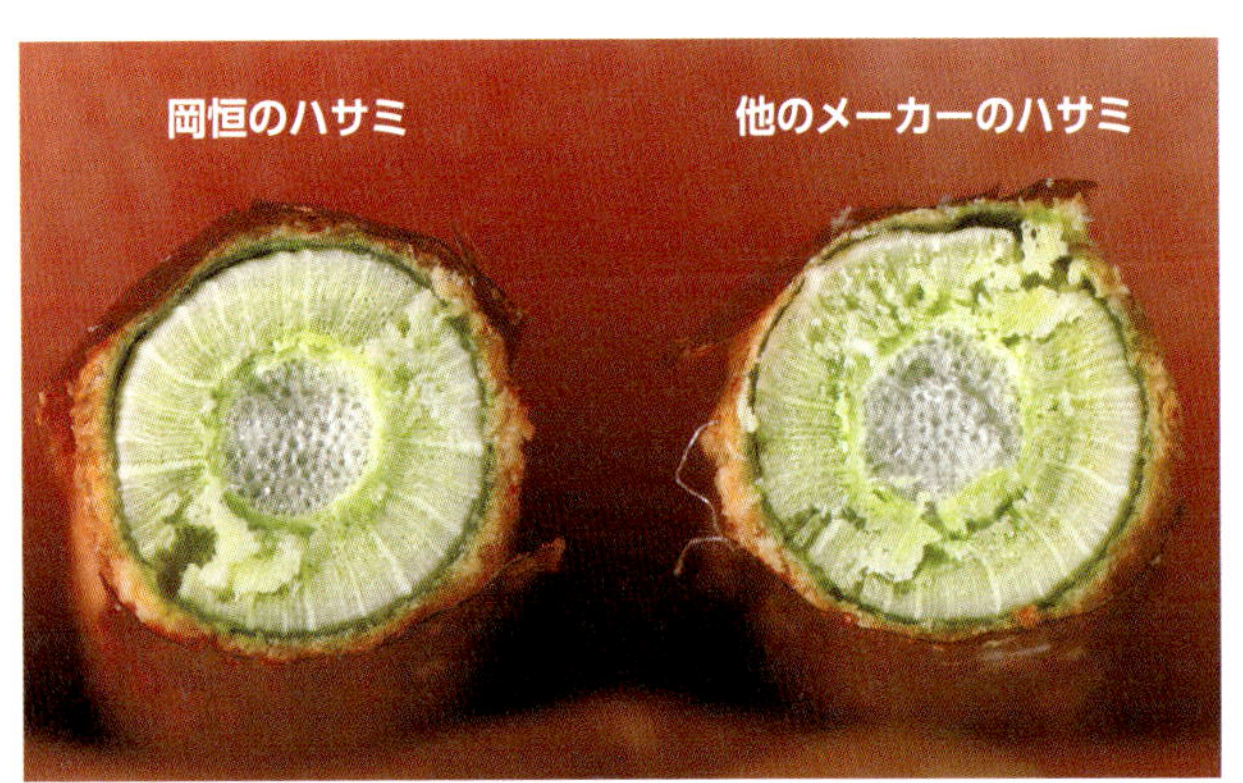

2つのハサミ（同程度の価格で新品）で切った小枝の切り口を見比べてみた。岡恒で切ったほうは切断面の細胞があまり壊れていない。細胞が壊れると、そこから雑菌が入るので、輸送中に腐ることもある。研いでいないハサミだったらもっと差が出そう

野菜の収穫に愛用するハサミ（岡恒の採収バサミ）
（すべて赤松富仁撮影）

切れ味がいいと野菜の日持ちがいい

約六〇種類の野菜をつくっていますが、収穫のときにほぼ毎日使うのがハサミです。これまでいろいろなハサミを使ってきましたが、切れ味や値段などから見て、一番いいと思うのが岡恒の一〇〇〇円くらいのハサミです。

研ぐとわかりますが、多くのハサミは刃が硬い（柔軟性がない）と感じます。刃がチビないようにメンテナンスがいらないようにしていると思います。しかし研ぎづらいのが難点です。いっぽう、岡恒は刃が軟らかいのでメンテは必要ですが、研げばすごくよく切れるようになります。今ではうちのハサミ全部が岡恒です。

ハサミを使ってツルムラサキを収穫する筆者

野菜を収穫するときにスッと切れると切り口をあまり傷めないので、収穫物の日持ちもよくなります。また収穫された株の切り口も治りが早いので、病気が入りにくかったり、次の収穫が早くなったり、余分な肥料がいらなくなったりします。

メンテをすれば二倍以上は長持ち

私は毎日使うので一週間に一度は研いでいます。砥石は目の粗さが違う三種類持っていますが、刃が欠けたようなときは目が一番粗い混合砥石を使います。通常は中くらいの目の粗砥石を使い、仕上げに目の細かい細砥石を使います。

岡恒の刃は軟らかいので表面だけでなく裏側も少し研ぎ、刃の巻き込みを防ぐようにしています。また長く使っていると刃が小さくなって刃先が合わなくなるので、柄に近いストッパー部分をサンダーで削って調整したりします。

ハサミを毎日使う場合、メンテをしないとおそらく四、五カ月で使えなくなると思いますが、メンテをすれば一年はしっかり使えます。

（高知県四万十町）

＊二〇一二年一月号「切れ味のいいハサミを二倍以上長持ちさせて使う」

研ぐときのポイント

1 まずは砥石をメンテナンス。2つの砥石をこすり合わせて表面を平らにし、角も残す。表面が平らだと刃の全体をしっかり研げるし、角が残っていると刃の根元までしっかり研げる

2 研ぐときは刃の角度を一定にする。岡恒の刃は軟らかいので、表面を研いだあと、刃の巻き込みを防ぐために裏面も軽く研ぐ。すると刃が立ちやすくなってよく切れる

3 刃の先端が鋭く尖っていると収穫のときに野菜を傷つけてしまうことがあるので、先端を少し削っておく

4 長く使うと刃が小さくなって先端が開いてくるので、握ったときストッパーになる部分（印）をサンダーでちょっと削ってやると、先端まで閉じるようになる

5 研いだあとのハサミ。研いだ部分がきれいに光り、切れ味がものすごくよくなる

ピンの緩みを直す

長く使うと刃と刃の間に隙間ができてくるので、刃を留めているピン（矢印）を金槌で叩いて隙間を埋めてやる。強く叩くと動かなくなるので、様子を見ながら軽くやるのがコツ

刃物が長持ちする油研ぎ

和歌山県海南市・岩本 治さん

用意するもの

※1. エンジンオイルは粘度が残っているもの。
黒くて水っぽくなってしまったものはダメ
※2. 油砥石はホームセンターや金物屋などで入手できる

視察先の農家に教わって油研ぎするようになった岩本さん、以前は長くても2年しか持たなかったせん定バサミが5年は十分使えるものになった。どうも油が刃やネジ部分にまわってサビやヤニ（渋）を付きにくくする効果があるようだ。

油研ぎでは、小型で手に持つタイプの油砥石を使う。小さい刃や角度のある刃も細かい部分まで丁寧に研げるので、採果バサミやせん定バサミもネジを外さずに研げるのもいい。

＊2012年1月号「刃物が長持ちする油研ぎ」

1 歯ブラシに廃油、クレンザーの順につけて刃全体に塗る

2 刃に対して垂直方向（⇔）に油砥石を上下させ、滑りが軽くなるまで研ぐ。ヤニがひどく付いている刃は、研ぐ前に別の刃物でヤニの塊を削ぎおとす

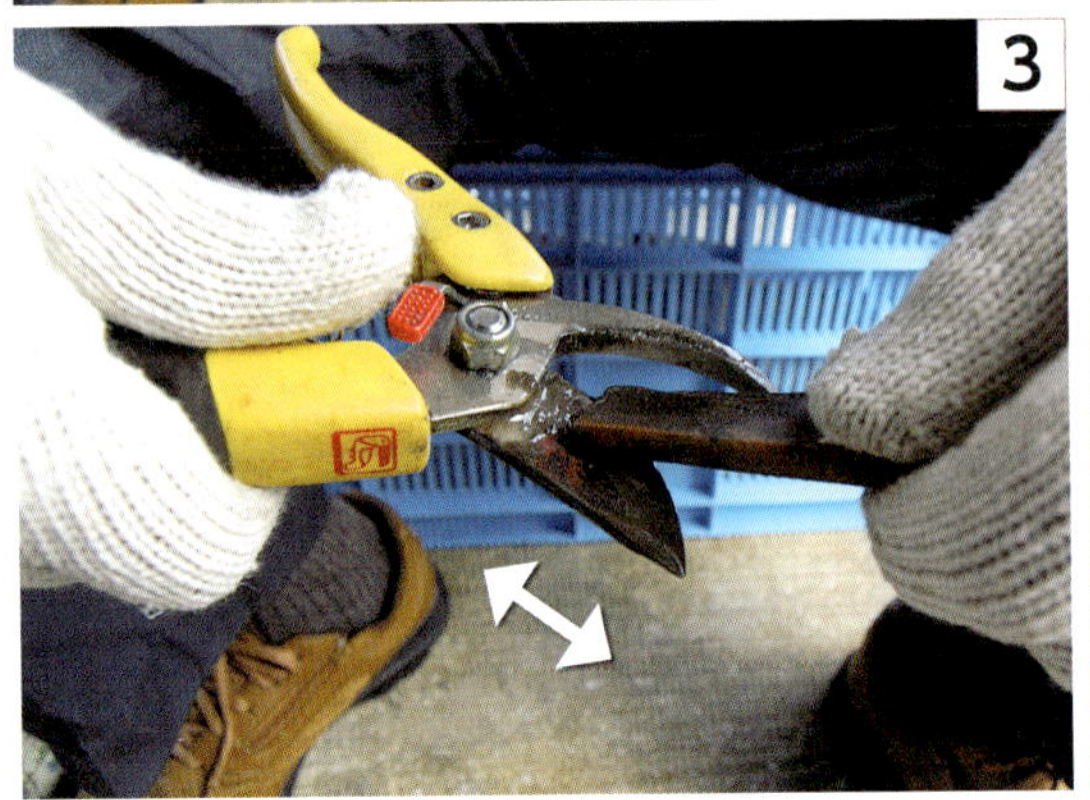

3 刃に対して水平方向（⇔）に、両面を研ぐ

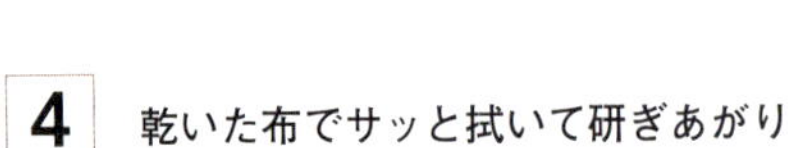

4 乾いた布でサッと拭いて研ぎあがり

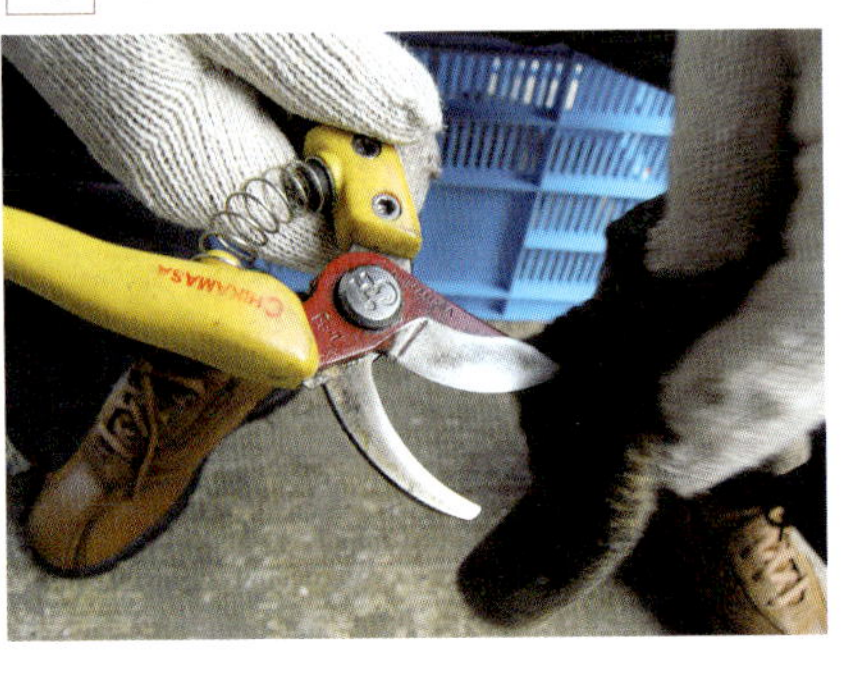

岩本さんが油研ぎして長年愛用している道具

大 小

①大鎌 ②鎌 ③刈り込みバサミ ④ミカン採りバサミ ⑤せん定バサミ ⑥接ぎ木包丁

接ぎ木包丁は油が残ると接いだときの活着が悪くなるので、研いだあとに台所用洗剤で洗う。洗ったあとは錆びないように布で水を拭き取り、日光に当てて十分乾燥させる

誰でも手軽に
失敗しない

刃物研ぎ器

包丁・ナイフ・鎌に
刃物キラリン

刃物研ぎ台と手持ちのダイヤモンド砥石のセット。研ぎ台はマグネット付きで、15度を基準に4段階の角度で刃物を置ける。ダイヤモンド砥石（水なしで研げる研削力の強い砥石。粒度240番の荒砥と800番の中砥がセット）は柄がコロ付きで水平に動かせるため、組み合わせて使うことで様々な刃物の刃先を常に一定の角度で研ぐことができる。

刃物キラリン。価格8000円（税抜）

鎌も研げる

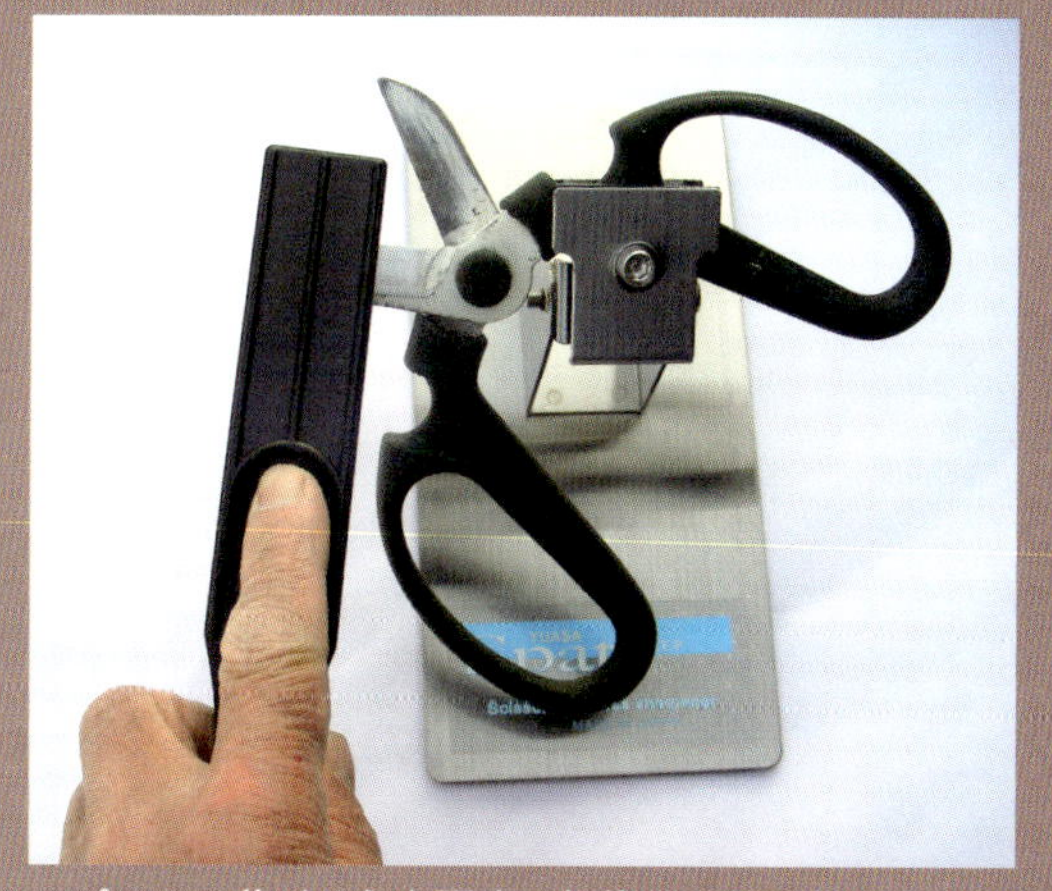

スパットで花バサミを研ぐ。価格9000円（税抜）

あらゆるハサミが簡単に研げる
スパット

ハサミ研ぎ台と手持ちのダイヤモンド砥石のセット。角度調整できるハサミ研ぎ台にハサミを固定、ダイヤモンド砥石で刃先の角度に合わせて研ぐことで、どんなハサミでも分解せずに研げる。刃の丸いせん定バサミ、大型の刈り込みバサミなどにも対応。

●お問い合わせは
㈲ワイオリ・マハロ　TEL048-431-0482

すばやくラクに研げる
電動刃物とぎ機

丸い砥石が電動で回るので、刃物を動かさなくてもすばやく研げる。一定の角度を保っているだけでいいのでラク。正逆回転を切り替えられるので、表も裏も簡単に研げる。包丁やナイフのほか、かんなやのみ、彫刻刀などにも。

●お問い合わせは
刃物・道具の専門店ほんまもん　TEL0795-42-6262

電動刃物とぎ機「新興ホームスカッター STD-180E」丸砥石（中砥1000番）付きで1万1472円（税抜）

新品の切れ味復活
チップソーの研ぎ方

サトちゃん＆コタローくん

アゼ草を刈るコタローくん。チップソーの切れ味が悪いので、エンジン回転数を上げて刈る。これでは機械への負担が大きいし、時間もかかる（すべて倉持正実撮影）

刃先に耐久性のある超硬チップが埋め込まれたチップソー。目立てを頻繁にしなくても切れ味が落ちにくいのが特徴だ。しかしこのチップソー、つい面倒臭くて、一度も目立てせずに新しい刃に交換する人が多いのでは？

「目立てすれば新品同様の切れ味が戻って疲れない。エンジン回転数を落としても軽〜く切れるから、機械長持ち。燃費だっていい。刃も二〜三倍長く使えて丸儲けよ」

というのは、おなじみ福島・会津のサトちゃん（五四ページ）だ。

かたや神奈川県伊勢原市のコタローくん（今井虎太郎さん）は、「一度も目立てしたことありません。刃は一年で交換してます」。

「もったいないじゃん！　目立ては慣ればカンタン。全然違うから試してみる？」　編

＊二〇一二年一月号「チップソーの研ぎ方」

コンテナを2個並べて、写真のように刈り払い機を載せたら、体の中心に刈り刃がくるように座る

目立てに使うのはディスクグラインダー。平面研磨用のダイヤモンド砥石（チタン仕上げ）を装着

チップの外側（逃げ面）を目立て

円盤に対して砥石を垂直に立て、図のようにまず逃げ面の手元側に１秒ほど当てる（削り過ぎに注意！）。続けて砥石の角度を変え、すぐに砥石をチップから離す。この要領で逃げ面だけを１周目立てする

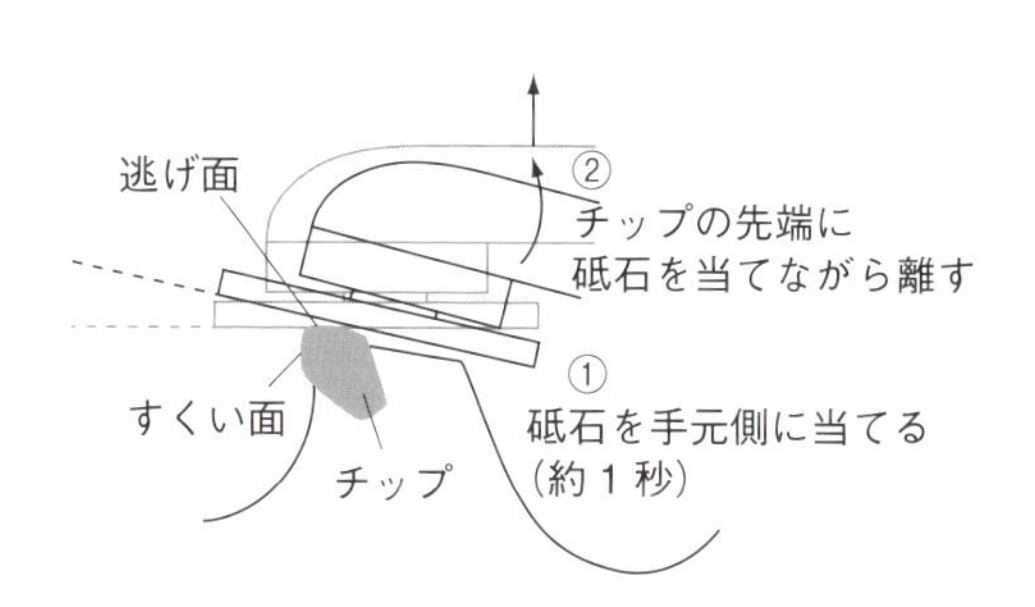

手順2 チップの内側（すくい面）を目立て

次はチップの内側を目立て。円盤に対して砥石を垂直に立て、図のようにチップのすくい面にまっすぐ砥石を当て、削り過ぎないようすぐに離す（♡→は起点の印）

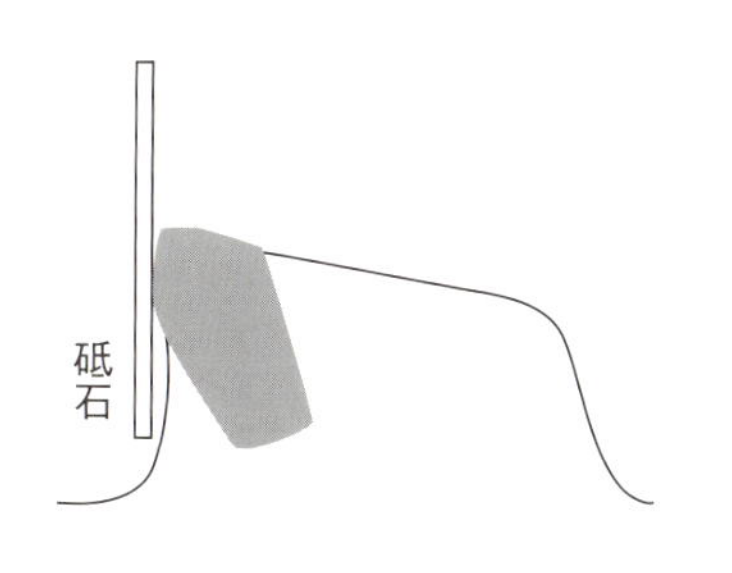

「もう使えない」とコタローくんが捨てていた古いチップソーも、目立てしたら切れ味が復活。刈り払い機に装着していない刈り刃は、中心の穴にドライバーを刺し、簡単に固定して目立て

うまく目立てができているか指でそっとチップに触ってみる。新品のチップ同様に引っかかる感じがあればＯＫ

チェンソー 目立てのカンドコロ

新潟県三条市・舘脇信王丸さん

舘脇信王丸さん。薪のネット販売などを行なう「もりもりフォレスト合同会社」代表。（『最高！薪＆ロケットストーブ』参照）

目立てしたチェンソーなら太い丸太も軽快に切れる
（すべて倉持正実撮影）

チェンソーの固定の仕方

目立て作業時は必ずチェンソーを固定する。クランプでバーを挟んで、チェーンとバーの間にドライバーを差し込んでチェーンを張る

目立てができれば楽しくなる

チェンソーを自由自在に使うための最大のコツは、じつは目立てなんですよ。ノコギリや鎌と一緒で、こまめに目立てをしないと切れなくなります。切れないと疲れる。時間がかかる。燃料をくう。エンジンが傷む。腹が立つ。いやになる。悲しくなる。そうすると、だんだん使わなくなってしまいます。

逆に目立てさえこまめにきちんとできるようになると、よく切れるのでチェンソーを使う楽しさが倍増するし、目立て自体が楽しくなるはず。燃料が切れるたびに目立てをするくらいで、ちょうどいいと思ってください。

誰でも簡単に目立てができる道具

チェンソーの目立ては、とっても複雑。『上刃目立て角度』と『上刃切削角度』を維持しながら、すべてのカッターの減り（刃長）が均等になるように目立てしないと、まっすぐ切れなくなってしまいます（左上の図）。

ふふふ。面倒ですよねー。だいたい、ヤスリの角度を一定に保つなんて、よっぽどの熟練者じゃないと難しいと思うんです。

こういうときは大いに道具に頼ってください。目立てに必要な道具は、おもに丸ヤスリとチェンソーのバーを固定するためのクランプ、それから目立て角度を保つ「目立てゲージ」は絶対に欠かせません。いろんなタイプ

チェンソーの刃の構造とヤスリの当て方

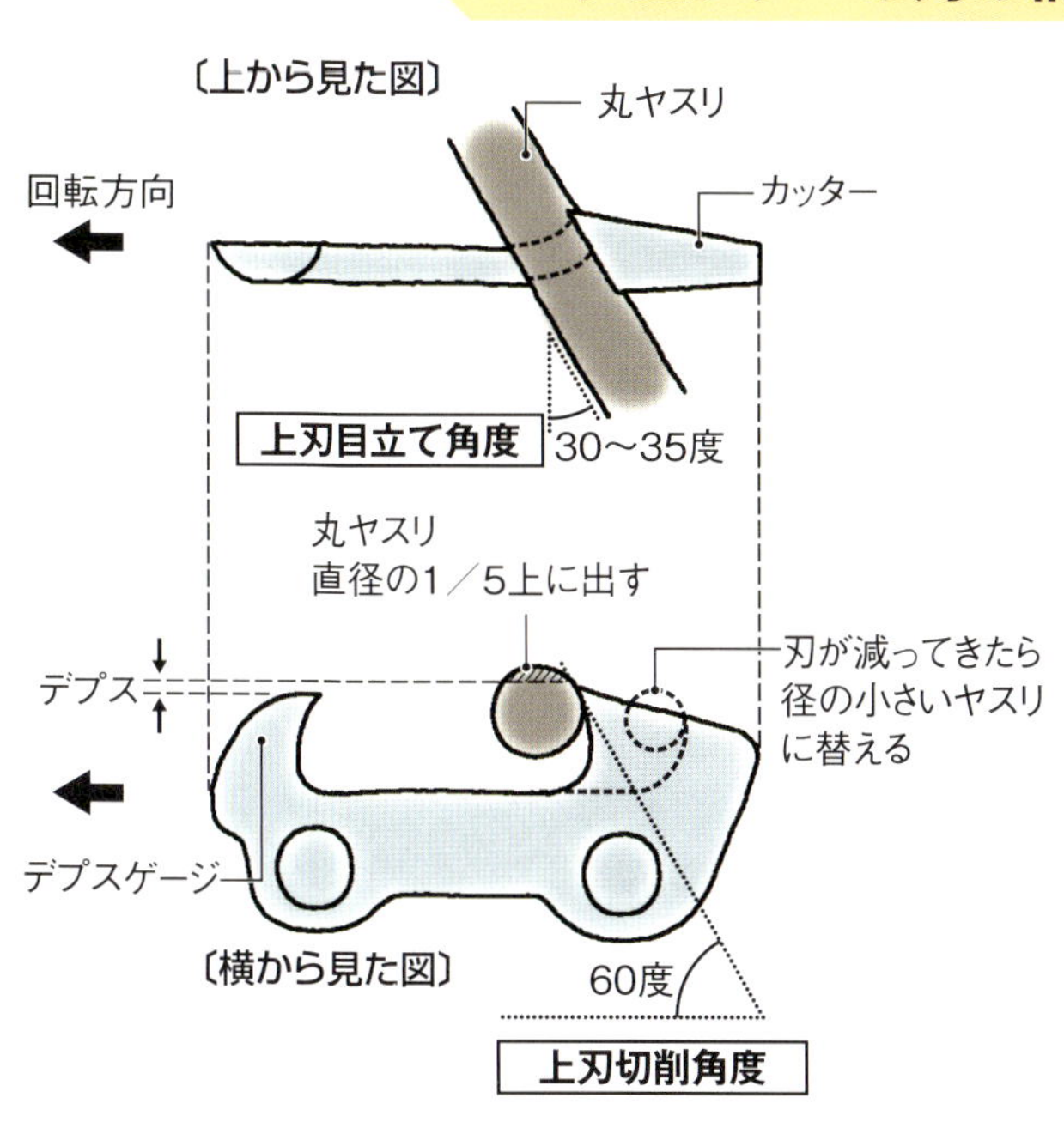

丸ヤスリはこのような角度で当てる

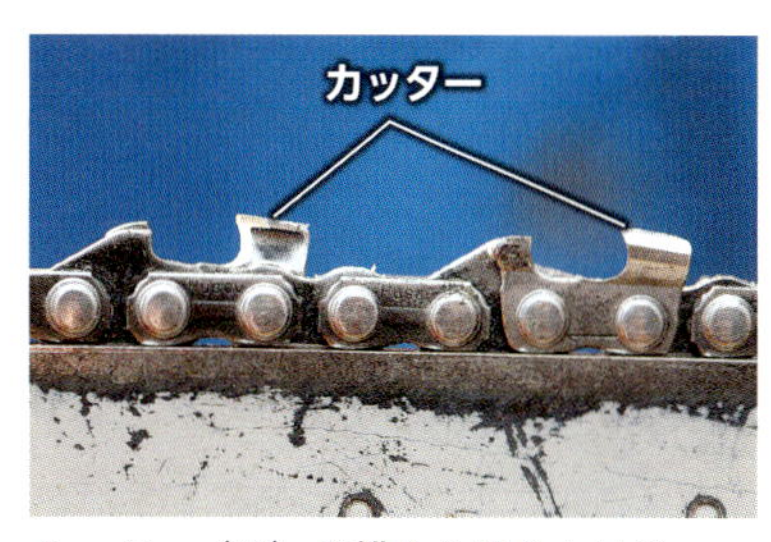

カッター（刃）を横から見たところ

最初に目立てするカッターにチョークで印をつけると、一周したときにわかりやすい

があるけれど、ローラーの上でヤスリを転がせば目立て角度が決まる目立てゲージ（ファイルゲージとも呼ばれます）が使いやすくておすすめです。

チェンソーはしっかり固定

目立てを始める前に大切なことは、チェンソーを固定すること。無理のない姿勢で作業ができるよう、軽トラの荷台や机の上がベスト。クランプでバーを固定したら、さらにチェーンとバーの間にドライバーを突っ込んでやると、チェーンが張られてぐらつきがなくなるので作業がしやすくなります。現場でクランプがないときには、切り株に切り込みをつくりバーを差し込めば固定できます。

人間は動かず、チェーンのほうを手で回しながら、つねに目の前の同じ位置で目立てをすると、刃が一定に揃いやすくなります。

チェンソーは右向きと左向きのカッターが交互についています。左右のカッターでヤスリを当てる角度が違いますから、先に片側のカッターだけ、一つ飛ばしでぐるっと目立てして、次に反対側に回って残りのカッターを目立てするという手順になります。

ヤスリは押すだけ、当てる回数を決めておく

では実際に目立てしてみましょう。

今回はヤスリの角度がバッチリ決まるローラーガイドつきの目立てゲージを使います。ヤスリは押し付けないでローラーの上を転がすだけ……

おっと、ヤスリは押すだけ。引いちゃダメですよ。必ずカッターの先端方向に向かってまっすぐヤスリを押し出してください。押し出したヤスリはカッターから離して手元に戻し、また押し出す。

それから一つのカッターにヤスリを当てる回数を決めておくと、刃の減りが大きく食い違うことはないし、作業も単純になります。目立てを頻繁にするなら三回ずつくらいで十分研げるはず。それでも手癖でだんだん刃長が揃わなくなってきます。時々は刃の減りを目で確認して、一番減っているカッターの長さに全部の刃長を揃えてあげてください。

「デプス」も知っておくといい

チェンソーの目立てでもう一つ忘れちゃいけないのが、デプスの調整です。時々デプス

デプスの調整ゲージを載せてデプスゲージが出っ張っているようだと（矢印部分）、デプスが浅いので削る

ローラーガイドつきの目立てゲージなら、「上刃目立て角度」も「上刃切削角度」もばっちり決まる。カッターの先端に向かってまっすぐヤスリを押し出す。この動作を一つのカッターで３〜５回繰り返す。次のカッターを研ぐ前にヤスリを叩いて削りカスを落としつつ、目立てしていく

デプスゲージは最初に頭を削り（上）、次に前頭部に平ヤスリを斜めに当てて丸みをつくる。頭を削り落としただけだと材に引っかかってうまく切れない

目立ての前後でオガクズの大きさがこんなに違う。刃先が鈍くなるとオガクズが細かくなってくる

を確認して必要ならデプスゲージを削る必要があります。

デプスっていうのは、デプスゲージ（カッターの前に飛び出している突起。前ページ図参照）と上刃の高さの差のこと。このデプスが材に切り込む深さを調節しています。カッターの上刃は後ろにいくほど低くなっているので、目立てを繰り返していくと切り込む深さが浅くなっていき、やがて切り込めなくなってしまいます。時々デプスの調整ゲージ（デプスゲージジョインター）を当てて、デプスが浅い（デプスゲージが上に飛び出ている）ようなら平ヤスリで削り下げます。デプスゲージを削る際は、せっかく研いだ刃に平ヤスリが当たってしまう心配がありますので、カッターの上刃に指を置いてガードしながら行なうといいですよ。

さて、目立てができたら切れ味を試してみましょう。オガクズの大きさが違うのが、ハッキリわかるはず。

◇

目立ての基本は、ソーチェーンのメーカーが最初に設定した「効率よく切れる角度」を素直に維持していくこと。そして目立ての作法は「心を込めて研ぐ」こと。きっと落ち着いて次の作業に集中できるはずです。

（取材・鴫谷幸彦）

＊二〇一五年七・八月号「チェンソー自由自在　目立てのカンドコロ」

現代農業 特選シリーズ　DVD でもっとわかる 11

農の仕事は刃が命

包丁・ナイフ・鎌・ハサミ・ノコギリ・刈り払い機／研ぎ方・目立て

2016 年 5 月 20 日　第 1 刷発行
2019 年 7 月 5 日　第 2 刷発行

編者　一般社団法人　農山漁村文化協会

発行所　一般社団法人　農山漁村文化協会
〒 107-8668　東京都港区赤坂 7 丁目 6-1
電話　03 (3585) 1141 (営業)　　03 (3585) 1146 (編集)
FAX　03 (3585) 3668　　振替　00120-3-144478
URL　http://www.ruralnet.or.jp/

ISBN978-4-540-16129-2
〈検印廃止〉

DTP 制作／㈱農文協プロダクション
印刷・製本／凸版印刷㈱
乱丁・落丁本はお取り替えいたします。